中学生の知識で

数学脳を鍛える

鈴木 貫太郎

大和書房

はじめに

塾講師時代に生徒から受けた質問でダントツのNo.1は、

「数学って将来なんの役に立つのですか?」

です。
そしてそれに対する私の答えはいつも同じ、「なんの役にも立たないよ」でした。

「えっ?」と思われるかもしれませんが、それはある意味で事実なのです。

なんの役にも立たないどころか、学び方を間違えれば、頭を悪くさせる可能性すらあるのです。

もちろん「はやぶさ」が宇宙に飛び立って小惑星の小石を拾って再び地球に無事に戻ってこられるのには数学が必要不可欠です。
宇宙などと壮大なものを持ち出さなくても、もっと身近にスマートフォンでインターネットショッピングができるのも、そのとき自分のクレジットカードの情報を第三者に読み取られないようにする暗号の仕組みも数学のおかげです(「RSA暗号」で検索してみてください)。
それだけでなく、ありとあらゆる工業製品、交通システムその他生活に必要なすべてのものは数学なしでは成り立たないと言っても過言ではないでしょう。

でも、結局のところ、99.99%の人はその恩恵を享受しているだけです。

数学を駆使して世の中の便利な製品・システムを設計・開発しているのはほんのわずか0.01%程度の人に過ぎません。

ですから大多数の人は最低限度の加減乗除の四則演算すらしないでも生きていくのに困らないかもしれません。

それなのに小・中・高の12年間、週に4コマも5コマも算数・数学の授業があり、それを全員が必修で受けているのです。

もしも、フィギュアスケートを小・中・高で週に4コマ必修にするとしたらどうでしょうか。

フィギュアスケートは立派なスポーツで心身の鍛錬には有益でしょうし、羽生結弦選手のようにオリンピックで2連覇して人々に希望と勇気、そして感動を与えてくれる人は必要です。

しかし、だからといって全員がフィギュアスケートを必修科目としてやる必要はないですし、そうするべきでもありません。

それこそ、0.01%のフィギュアスケートが好きな人・才能に恵まれた人だけが学校という誰もが通う場所とは別のところで取り組み、99.99%の人はその成果のみを観賞するのが当たり前の姿です。

では数学も、フィギュアスケート同様に、必修になどせず将来数学を使う人だけが学べばいいのかというと、そうではありません。

かつて著名な作家が、「二次方程式を解かなくても生きてこられた。二次方程式などは社会へ出て何の役にも立たないので、このようなものは追放すべきだ」と発言したことをきっかけに中学校の教科書から二次方程式の解の公式が削除されたことがありました。

この方は残念ながら最低限の数学的素養を身につけることができなかったようです。
だから、このような非論理的な発言をしてしまったのです。

▶論理力は数学の賜物

何が非論理的だったのか、それを考えていきたいと思います。

この論理構成は以下の通りです。

1　なくても生きていけるものは社会の役に立たない
2　「二次方程式の解の公式」はなくても生きていけるものである
3　したがって「二次方程式の解の公式」を追放すべきである

この論理構成は1の大前提がそもそも間違っているので論理も糞もありません。

この方の論理に対しては「二次方程式の解の公式」の部分に「さきほどの作家ご自身の著書」を入れたらどうなるかを考えてもらうのがいいでしょう。

いくら著名な作家とはいえ99.9%の人はこの人の本を読んだことがないはずです（ミリオンセラーの本ですら読んでいる人は日本国民の1%程度）。

つまり、この方の著書はなくても生きていける社会に役に立たないものなので追放すべきであるという、ご自身の作家としての存在意義をも否定してしまう、矛盾をはらんだ理論だということなってしまうのです。

非論理的な考え方や発言というのは、時として、社会人としての信頼や人格をも疑われるようなことにもなりかねません。

こういった非論理的な発言をしないためにも数学を学ぶ必要があるのです。

すなわち、数学を学ぶ意義は「前提条件をもとに論理的に議論を進めていく力を養う」というところにあるのです。

数学を学んだ人なら「素数は奇数である」ということが言いたいときでも「2以外の素数は奇数である」というように厳密な物言いをします。

たとえば「日本人が勤勉である」ということが言いたいときでも「日本人は勤勉な人の割合が多い」といったように、大きな集団を主語にして断定するような表現は避けます。

こういった精緻な言葉遣いができるかどうかも数学の力に依るところが大きいのです。

先の作家の発言も「なくても生きていけるもの」という大きな集団を主語としてしまい、たくさんの例外を容易に挙げられるにもかかわらず「社会の役に立たない」と言い切ってしまうあたりに数学的思考、論理的な考え方の欠如が垣間見られるのです。

きっと学生の頃にせっせと数学を学んできたことだと思いますが、本当に大切な、本質的なことを考える思考や物の見方を習得できなかったのです。

▶社会で本当に役に立つ思考力を手にしよう

数学を学ぶ本来の目的は「論理的思考力を養う」ことであって、意味もわからず丸暗記した公式に数字を当てはめて計算し、正しい計算結果を得ることではありません。

しかし、小・中・高のどの段階においても、さらには塾でも、算数・数学の授業で本来の目的であるべき「論理的思考力」を育《はぐく》むという目的からかけ離れた授業を行っている先生が少なからず存在するという現実があります。

調査をしたわけではないのでそういった授業をする先生がどの程度の割合でいるのかはわかりませんが、速さや割合の問題で図のような「はじき」（速さなどの公式を覚えるための、「速さ」、「時間」、「距離」の頭文字をとった呪文。)、「くもわ」(割合の公式を覚えるための、「比べる量」、「もとになる量」、「割合」の頭文字をとった呪文。)という謎の呪文を丸の中のTの字の図に書き込む生徒が大量にいることからもそういった「公式を丸暗記し、数字を当てはめる」という指導をしている先生が相当数いると推測されます。

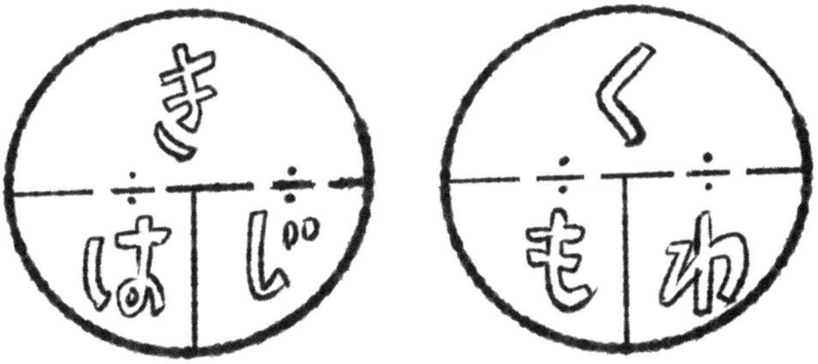

学校の現場でそういった指導が実際にされているかの調査は困難ですが、私はYouTubeに数学ネタの動画を投稿している立場上、他の算数・数学系の動画をかなり網羅的に見ております。

数ヶ月前に投稿されているのに再生回数が0回(本人すら見ていない)という動画から100万回以上再生されている動画まで、投稿者には元はもちろん現役の学校の先生もかなりいます。

そして、速さの単元では、かなり高い割合で「はじき」を使っています。

中には、「私は『はじき』を使いません。『みはじ』です」などとどうでもいい主張をする人までいます（みはじは「道のり」「速さ」「時間」の頭文字で、要するにやっていることは同じです）。

それだけに公式丸暗記型の指導というのが相当浸透してしまっていると危惧されます。

算数・数学の学習において、もし本質を理解させないまま公式を丸暗記させて数字を当てはめて計算させることに終始するような授業であるならば、かの作家の言うとおり、数学などまったく役に立たないものとして排除していいと思います。

ただ、「やり方」だけを教えるというのも実生活ではそのほうが合理的であることはたしかにあります。

買ったばかりの炊飯器で自動的にご飯が炊けるようにしたい人に対して、スイッチが入る仕組みや「そもそもなぜその機械でご飯が炊けるのか」などを説明しても「そんなのいいからタイマーセットのやり方だけ教えて」と言われるでしょう。

私もそう言います。

だから数学でも「仕組みはいいから答えが出るやり方だけ教えてよ、そうすればテストでも点が取れるのだから」といった声が多数派を占めることになり、それに迎合してしまう先生も少なからずいるでしょう。

しかし、仮に算数・数学を学ぶ目的が「テストで点さえとればいい」ということだとしても、電気製品のように手順さえ覚えればその目的が達成されるかというと、数学はそうもいかないのです。

たとえば、次のような問題は割合の本質を理解していれば何でもない、簡単な問題です。
ですが本質的な部分を理解しないでいれば、いくら「くもわ」と念仏のように唱えても絶対に解けません。

問題

ある湖にFという種類の魚が何匹生息しているかを調査するためにFを400匹捕獲して印をつけて元の湖に戻し、数日後Fを200匹捕まえたら8匹に印がついていました。
この湖に生息しているFの数を推定しなさい。

あなたはどのように解くでしょうか（この問題については73ページで）。

数学を学ぶ意義が「論理的思考力を養う」であろうが、単に「テストでいい点をとる」であろうが、実生活で筋道の通った結論を出すには、公式・やり方の丸暗記ではない「論理的に物事を捉え、考えられる頭」、つまり「数学脳」を鍛える必要があるのです。

ですからこの本では、思考力が必要な実際の入試問題や普段何気なく見過ごしてしまいがちな日常のなかから数学的な考え方を紹介していき、一緒に考えていきましょう。

そうすることであなたが数学的な考え方、いわゆる「数学脳」といったものを養うことを約束します。

「数学脳」を持ち、論理的に考えられるようになることは、この先必ずあなたの役に立ちます。

本書はできる限り数学的な知識や数式を少なくし、読むだけで論理的な思考を身につけられるように考えました。

「数学脳」はあなたの論理力を鍛えるだけでなく、あなたの好奇心の幅や興味をも広げてくれることでしょう。

鈴木貫太郎

目次

中学生の知識で
数学脳を鍛える

目次

第3章

なぜそうなるのかを考える

理由・理屈を考えるのは最強
～分数の計算式を例に～

第4章

工夫する力を養う

解決への近道を無数に見つける
～安易さだけに惑わされない～

序　章

「数学脳」とはいったい何か

「数学脳」を定義する

「数学脳」、自分で考え出した造語のつもりでしたが、流石にこれだけ単純な言葉の組み合わせなのでネットで検索してみれば無数にヒットして既にこの言葉を題名に含んだ書籍もありました。

しかし、それでも辞書に載るほどに一般化された言葉ではないので私がこの本で使う「数学脳」という言葉の定義をはっきりさせておかなければなりません。

数学というと計算がつきものです。

計算が数学の基礎であることは当然で、それを否定するつもりはありません。

しかし、数学が苦手な人ほど「計算力が高い＝数学ができる」という誤った等式を信じているのです。

私は、「数学ができなくて苦労した自分と同じ轍《てつ》を踏ませたくない」とせっせと何の工夫もない計算ドリルをただひたすらやらせるだけの教室に我が子を通わせる親御さんたちを見てきました。

結果、数学苦手を再生産している光景を数多く目《ま》の当たりにしてきました。

このような状況では本当の意味で「数学が得意になる」「論理的に考えられるようになる」「数学的思考がおもしろくなる」というふうにはならないでしょう。

私が定義する「数学脳」とは、

「物事の本質を捉えて理解する力」

です。

「本質」とは物事の根本的な性質・要素をいいます。
「定義」がそれ（＝本質）を表すことが多いでしょう。
「理解する」ということは「物事の根本的な性質・要素（＝本質）」から出発して、正しい論理展開によって、結論が導かれる、その一連の流れがわかるということです。

つまり、数学脳とは物事の本質を捉え、論理的に思考を進め、結論まで地道に考えを1つ1つ積み重ねていく能力で、そういったことができる人こそが数学脳を持っていると言えるのです。

「数学脳」のメリット

数学脳であることのメリットは記憶力にまでいい影響を与えることです。
「正しい論理展開」の1つ1つの段階には意味があり、意味があることは記憶に残りやすいのです。

単に結論だけの丸暗記は、自分の電話番号と同じで、しょっちゅう使っているうちは覚えているかもしれませんが、引越しや機種変更で使わなくなった途端に忘れてしまいます。

学校で習ったけど社会に出てまったく役に立たないことの代名詞のように扱われている「二次方程式の解の公式」、大人に聞けばほとんどの人は「あー学生時代にやった、もう忘れちゃった」と答えるでしょう。

「ニーエーブンノ、マイナスビー、プラスマイナス……」と呪文のように唱えて丸暗記しかしてこなかった人にとっては使わなくなって何十年も経った何の役にも立たない公式など忘れてしまって当然です。

しかし、**解の公式を論理的に導く過程を理解して身につけた人にとっては「お願いだから私のことは忘れて」と懇願されても忘れることはできない**のです。

そこで数学脳を「本質を捉えて理解する」と定義したので、逆に頭が数学脳になっていない人は「本質を捉えず理解していない」ということになります。

その「本質を捉えず理解していない」ということをもう少し具体的に8つの特徴に分類してみました。

このような特徴が自分に当てはまるか確認してみてください。

数学が苦手な人の8つの特徴

「数学脳」を定義しました。

数学脳とは「本質を捉えて理解する力」です。

ではその逆である「非・数学脳」とはどのような状態であるかをより具体的に挙げていきます。

その「非・数学脳」という状態は、私のこれまでの経験上、数学が苦手な人の特徴と言ってもさしつかえのないものであると思っています。

数学が苦手な人の特徴① 「定義をおろそかにする」

論理的な考え方を持つためには、その出発点である定義はとても大切になります。

定義をおろそかにしていては、論理の基礎がぐらぐらですぐに崩れてしまいます。

定義を大切にするということは論理力の基礎をつくることに他ならず、「非・数学脳」の方はこの部分を簡単にスルーしてしまっていることが少なくないのです。

⇒29ページへ

数学が苦手な人の特徴② 「やり方」だけを覚える

「やり方」だけを覚えるというのは入試問題をスピーディーに解くためには必要なことでもありますが、それのために「本質を捉える」ということをないがしろにしてしまうところがあります。

「やり方」と同時に本質を捉えていくことが大切なのですが、それができていないのです。

⇒57ページへ

数学が苦手な人の特徴③　「なぜそうなるのか」を考えない

これは「やり方」だけを覚えるということともリンクしてくることですが、与えられた公式や定理をそのまま使うことも大変危ういことです。
「なぜそうなるのか」と考えることが、論理力だけでなく、記憶力の向上にもつながっていくのですが、公式などをそのまま丸暗記して使うことでその力を伸ばせられていないのです。

⇒89ページへ

数学が苦手な人の特徴④　工夫をしない

数学の問題の考え方や解き方は1つでない場合がほとんどです。臨機応変に工夫して最短最適な解法を考えることによって時間短縮はもちろんミスの削減にもつながります。

しかし、1つのやり方をただ丸暗記しただけの人は工夫をしたくてもできません。

⇒117ページへ

数学が苦手な人の特徴⑤　ミスに気づけない

問題を解いていると、単位の違いや条件の多さなどから、ミスが出てきてしまうことがありますが、そんなときにミスを事前に気づけるかどうかで問題解決がスムーズにいくかどうかが分かれます。

しかし「非・数学脳」であれば、エラーや変な数字に違和感を覚えず、事前につぶせたミスをそのままにして、突き進んでしまうことがあるのです。

⇒143ページへ

数学が苦手な人の特徴⑥　大局的に見られない

わからなかった問題の解き方を見て、一旦はわかったはずなのに、自分がいざ解きなおすとなると解けなかったという経験はありませんか。

それはまさに大局的に見れていない状態です。

問題や物事の本質を考えるということは、問題の全体をつかみ、どのように対処するかという考えを育むのですが、「非・数学脳」であればそうもいかないのです。

⇒167ページへ

数学が苦手な人の特徴⑦　帰納法的思考をしない

数学の問題は「公式さえ知っていれば解ける」という問題だけではありません。

初めて体験する問題もたくさんあります。

そんなときに帰納法的思考は大きな武器になるのですが、それを知らないとまったく歯が立たないまま、最後にはとんちんかんな答えを導いてしまうのです。

⇒189ページへ

数学が苦手な人の特徴⑧　条件を見落とす

数学の問題は原則与えられた条件をすべて使ってはじめて答えが出ます（一般的に答えに関係のない条件が与えられている問題は

悪問とされています）。

実生活においてもいろいろな条件を勘案して物事を決定していきますが、その決定が失敗に終わるのはほとんどの場合、条件をいくつか見落としていたか、または軽視していたのが原因なのではないでしょうか。

⇒223ページへ

以上が数学が苦手な人の8つの特徴だと私は考えています。

それは翻って「数学脳」を有する人にとっては当たり前にできている8つの項目でもあるのです。

定義を大事にすれば色々見えてくる

数学が苦手な人の8つの特徴を列挙しました。

これらすべてが「非・数学脳」の特徴なので、この逆を行けば頭を「数学脳」に変えられるということになります。

つまり、

① 定義を大事にして、
② 「やり方」でなく本質を捉え、
③ なぜそうなるかを考えて、
④ 工夫をし、
⑤ ミスをしても気づける感覚を身につけ、
⑥ 大局的に物事を捉え、
⑦ 帰納法的思考をして、
⑧ 条件を見落とさない

ようにすれば数学脳になれるということです。

そこで本書では上記8つの条件を、第1章から第8章までに分けました。

各章では数学の問題や定理や定義を例に紹介しながら、それぞれに必要な力を育むことができるようになっています。

みなさんの身のまわりにあるものや、高校生までに習った算数や数学の定義をもとに、あなたの頭をちょっとだけ数学脳に変わる方法をお伝えしていきたいと思います。

定義というものは「そう決めたもの」です。「二等辺三角形とは二辺の等しい三角形である」のように疑問の余地のないものもある一方で、

$3^0=1$、　$0!=1$

のように「なんで?」と聞きたくなるような定義や、

「1mってどんな長さ?」
「1haってどんな広さ?」
「1年って何?」

といった普段何気なく使っている概念でも、そもそもの定義を実は知らないものもたくさんあります。

これらの「なんでそんな定義?」や「そもそも何だっけ。深く考えたことなかった」といった定義についてきちんと考えてみると、**派生的に色々な知識が身につき脳内でシナプスがじゃんじゃんつながっていく**のを感じることができるでしょう。

第1章

定義を大切にする

定義は本質に直結する

~燦然と輝く伝説の入試問題~

日本一の大学が大切にしたのは円周率の定義

東大の伝説の入試問題と言われているものの1つに「円周率>3.05を証明せよ」というものがあります(2003年)。この問題が出された背景として、当時ゆとり教育が導入されたことで円周率は「3.14」から「3」でいいのではないかという議論がわきました。そのアンチテーゼとして出されたのがこの問題です。

▶伝説の問題は基本が命

数学が苦手な人はとかく定義をおろそかにしがちです。

私が考える「数学脳」とは「本質を捉えて理解する」力です。

定義をおろそかにするということは、そもそも「本質」を捉えようという意識が欠如しているので、当然その先の理解には至りません。

東大の伝説の入試問題と言われているものの1つに

「円周率が3.05より大きいことを証明せよ」

というのがあります（2003年）。

これが問題文の全文で、単純な計算問題を除けば、当時、大学入試史上最短の数学の問題ではないかとも言われました（後に京都大学が「$\tan 1°$は有理数か」という問題を出して最短記録を更新?）。

ところが、この問題のデキはあまり良くなかったらしいのです。

私が塾で数学を教えていたとき、私は定義を大事にする方針だったのでありとあらゆる定義についてしつこいくらいに生徒に問いかけていました。

なので「円周率とは何?」というのもたくさんの生徒に聞いてきました（私が塾講師をしていたのは2001年までなので出題以前

です)。

この質問をしたときのやり取りはたいてい同じでした。

私　　「円周率って何?」
生徒「π!」
私　　「じゃあπって何?」
生徒「3.14!」
私　　「3.14ってなんの数字?」
生徒「円周率!」
私　　「だから円周率って何だよ?」
生徒「だからπ!」
(以下無限ループ)

「円周率とは直径に対する円周の割合すなわち$\frac{\text{円周}}{\text{直径}}$」

と、この質問に正しく答えてくれた生徒はほとんどいませんでした。

東大の入試の二次試験は6割くらいとれば合格ラインに達することができます。

だから数学ではどの問題を捨てるかを見極めるのも合格の

ために必要な力となるわけです。
流石に東大を受けるような優秀な生徒が円周率の定義がわからなくてこの問題ができなかったのではないでしょう。

「捨て問」と判断した人が多くてこの問題の平均点が低かったのだとは思います。

しかし、円周率の定義から円周率の本質を捉え、先人たちがどのようにして円周率を求めてきたかという、どんな教科書にも書いてある当たり前の歴史を踏まえれば瞬時に解法が思いつきます。

それなのに容易に得点できるこの問題を一瞥《いちべつ》で捨てると判断した人は、やはり「本質を捉えて理解する力」が不足していたと言わざるをえません。

それがたとえ東大生であったとしても、です。

この本の中でこの後も度々批判の対象として取り上げる速さの問題に関する「はじき」のような、「図を描いて求めたいものを指で隠せば掛け算なのか割り算なのかが、考えもしないで、一発でわかる方法」、これこそが数学が苦手な生徒大量発生装置だと私は思っています。

速さのそもそもの定義である「速さとは単位時間あたりに進む距離である」ということを頭に入れておけば何算を使うべきかは明白です。

それなのに数学が苦手な人は定義をおろそかにするがために、訳のわからない呪文のほうを覚えてしまうのです。

「定義がなぜそうなるのか」ということを意識してみましょう。

そうやって考えることで、するするといろんなものが見えてくるのです。

定義を意識する
その1

0乗は
なぜ1なのか

…$2^5=32$、$2^4=16$、$2^3=8$、$2^2=4$、$2^1=2$、$2^0=0$
とはならない理由

▶とても都合のいい「0乗の定義」

2^0のように何かの0乗がいくつかをまだ習っていない中学生や、数学があまり得意でなかったであろう大人に数多く聞いてきましたが答えは一切の例外なく「0」でした。

$2 \times 2 \times 2 = 2^3$のように2を3回かけることを「2の3乗」と指数を定義することは極めて自然で誰もがすんなり受け入れるでしょう。

指数が自然数ならば、それがたとえどんなに大きくて計算する気にはならなくても意味は理解できます。
しかし、0乗は「3乗なら3回かけるのだから0乗なら0回かける。何もかけないのだから0」と答えたくなる気持ちはよくわかります。

そもそも0乗など意味がわからないのだから定義しなくてもいいし、定義というのは「決め事」なのだから誰もが真っ先に思い浮かぶ0と定義してもいいはずです。
しかし、何かの0乗は1と定義しました（0は除く。0^0は「定義しない」が一般的です。1と定義すべきとする意見もあります。0と定義するのは少数派のようです）。

ここでも単なる丸暗記で「0乗は1」とする人と、「何故0乗を1とするのだろう？」と考える人とでは大きな差がついてしまいます。
では0乗を1と定義した理由を考えてみましょう。

次の式を例にして考えてみます。

$$3^2 \times 3^4 = (3 \times 3) \times (3 \times 3 \times 3 \times 3) = 3^6 = 3^{(2+4)}$$

この式は指数の定義から誰でも納得がいくでしょう。
であるならば、m,nがともに自然数のとき、指数法則

$$a^{\mathrm{m}} \times a^{\mathrm{n}} = a^{\mathrm{m+n}}$$

が成り立ち、これがnやmが0のときにも成り立って欲しいと考えます。

n=0とすると

$$a^{\mathrm{m}} \times a^0 = a^{\mathrm{m+0}} = a^{\mathrm{m}}$$

となり、$a^{\mathrm{m}} \neq 0$より$a^0=1$だと都合がよさそうです。

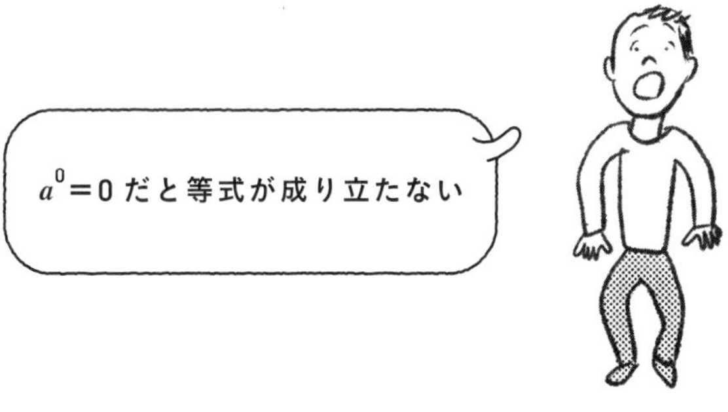

またはこんな方法もあります。
aの乗数を1つずつ割っていくのです。

$$a^3 = a \times a \times a$$

両辺をaで割って左辺の指数が1減ります。

$$a^2 = a \times a$$

両辺をaで割って左辺の指数が1減ります。

$$a^1 = a$$

両辺をaで割って左辺の指数が1減ります。

$$a^0 = a \div a = 1$$

このように見ていくと、「a^0が1になる」と定義したくなるのも納得がいくのではないでしょうか。

0乗を定義したならば、乗数部分が負の数や分数のときの場合も定義したくなります。

▶ますます都合のいい、乗数の定義

3^{-2}などはどう定義すべきでしょうか?

3をマイナス2回かけるとなると0乗よりさらに意味がわかりません。

ここでも自然数のときに成立した指数法則をたとえマイナスや分数になっても成り立たせたいという気持ちが働きます。

$$3^5 \div 3^3 = \frac{3^5}{3^3} = \frac{3 \times 3 \times 3 \times 3 \times 3}{3 \times 3 \times 3} = 3^2 = 3^{(5-3)}$$

m、nが共に自然数でm>nなら、

$$\frac{a^{m}}{a^{n}} = a^{m-n}$$

が成り立つのは上記の例のようにすんなり認められるでしょう。

$$3^{3} \div 3^{5} = \frac{3^{3}}{3^{5}} = \frac{3 \times 3 \times 3}{3 \times 3 \times 3 \times 3 \times 3} = \frac{1}{3^{2}}$$

この計算に異論はないでしょう。
このように$m<n$の場合なら、

$$a^{m} \div a^{n} = \frac{1}{a^{n-m}}$$

というのも納得がいくと思います。

数学では公式・定理というものは、なるべく数に制限なく使えるならば、それに越したことはないと望みます（その望みは叶わないこともあります）。

そこでm,nの大小に関係なく、

$$a^{m} \div a^{n} = a^{m-n}$$

を成立させるとするならば、

$$3^{3} \div 3^{5} = \frac{3^{3}}{3^{5}} = \frac{3 \times 3 \times 3}{3 \times 3 \times 3 \times 3 \times 3} = \frac{1}{3^{2}} = 3^{3-5} = 3^{-2}$$

すなわち、

$$a^{-n} = \frac{1}{a^{n}}$$

と定義するのが都合がよさそうです。

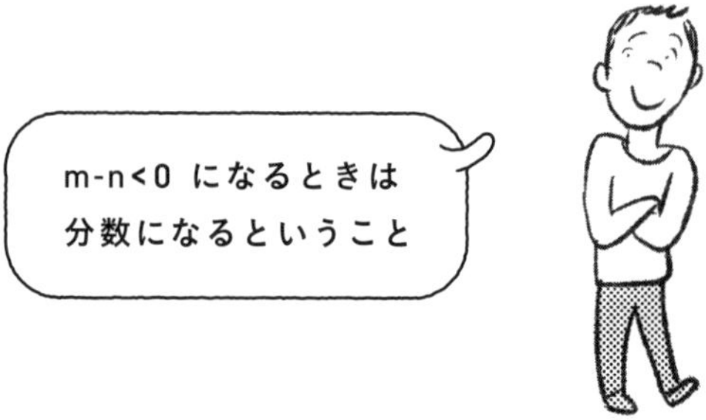

そして、$a^0=1$、$a^{-n}=\frac{1}{a^n}$と定義するととても嬉しいことがあります。

十進法の位取りは、

万、千、百、十、一、小数第1位、小数第2位

10^4、10^3、10^2、10、 1、 $\frac{1}{10}$、 $\frac{1}{10^2}$

となっていますが、

$$a^0 = 1,\ a^{-n} = \frac{1}{a^n}$$

と定義したおかげで、位取りの指数が、10の（4、3、2、1、0、-1、-2）乗ときれいに並ぶことになります。

▶ $6^{\frac{1}{2}}$は３になる？

次に分数乗はどう定義すべきでしょうか。

ここでも自然数のときに成り立つ指数法則と辻褄《つじつま》が合うように定義したいところです。

$6^{\frac{1}{2}}$がいくつであると定義すべきか考えてみましょう。

「6を$\frac{1}{2}$回かける」

やはり意味がわからないので定義するしかありません。

これもやはり習ってない人に聞くとほとんどの人が3と答えます。

もちろんそれで調和が保たれるのであるならばそう定義してもいいのですが $6^{\frac{1}{2}}=3$では都合が悪いのです。

$$(4^2)^3 = (4^2) \times (4^2) \times (4^2) = (4 \times 4) \times (4 \times 4) \times (4 \times 4) = 4^6$$

上記の計算のように、$(4^2)^3$が4^6であることには異論がないでしょう。

したがって、一般的にm､nが自然数であるならば、

$(a^{\mathrm{m}})^{\mathrm{n}}=a^{\mathrm{mn}}$は認めていいでしょう。

そこで、ここでもやはり､m,nが自然数でなくてもこの法則が成り立つとしたならどうなるでしょうか?

$$(6^{\frac{1}{2}})^2 = 6^{(\frac{1}{2} \times 2)} = 6^1$$

$6^{\frac{1}{2}}$は2乗してみたら6となりました。

2乗して6になる数はいくつですか。
そう、$\pm\sqrt{6}$です。

$6^{\frac{1}{2}}$を負の数と考えるのは不自然です。

負の数を考えたければ、$-6^{\frac{1}{2}}$にすればいいだけなので、$6^{\frac{1}{2}}=\sqrt{6}$と定義すれば $(a^{m})^{n}=a^{mn}$ という指数法則が分数でも調和が保たれそうです。

そこで一般的に、$a^{\frac{m}{n}}$はn乗すればa^{m}になる数なので、

$$a^{\frac{m}{n}}=\sqrt[n]{a^{m}}$$

と定義します。

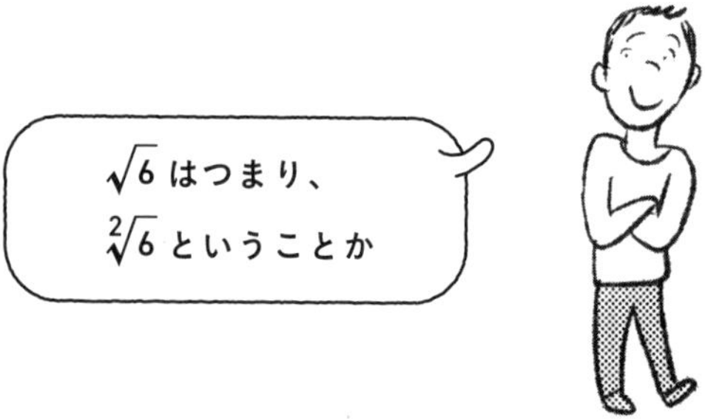

0乗、マイナス乗、そして分数乗を上記のように定義してよかったなと思うのが指数関数のグラフです。
$y=a^{x}$のグラフが右の図のように滑らかな曲線になるのはすべて上記のように定義したからです。

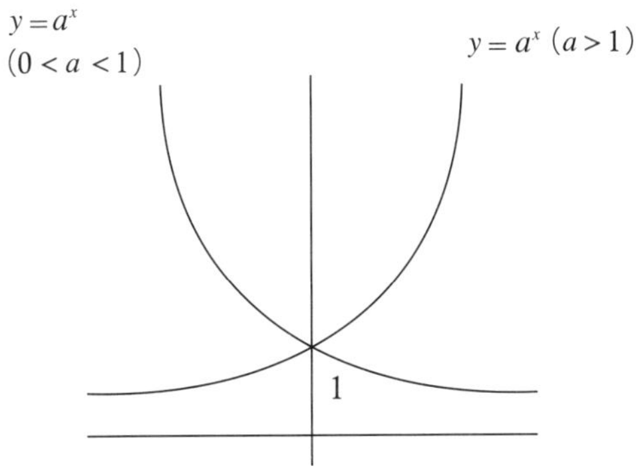

■ $y=a^x$ のグラフ

▶乗数の定義から約数の「個数」や「総和」まで導く

そして、0乗が1であることは約数の個数や総和を考えるときにも活躍します（このように1つの定義から次々と関連づけて新たなことを学ぶと知識の定着率がグンと上がります）。

12の約数は、

1、2、3、4、6、12

の6個で、総和は、

1+2+3+4+6+12 = 28

です。

12くらいなら全部書き出してもたいしたことはありま

せんが、360ともなると全部書き出すのは大変ですし漏れも出てくるでしょう。

全部書き出すにしても最初から個数がわかっていれば漏れがあるかチェックできます(「1周の角度がなぜ360度か」は178ページ参照)。

約数の個数は素因数分解して$p^a q^b r^c$となったら、

$$(a+1)(b+1)(c+1)個$$

で求めることができます。
したがって、

$$360 = 2^3 \times 3^2 \times 5^1$$

なので、約数の個数は、

$$(3+1)(2+1)(1+1) = 24個$$

となります。

では約数の総和の公式と「0乗が1」であることがどう関わっているのかを考えていきたいと思います。

12を例にして考えてみましょう。
具体から抽象・一般化というプロセスが大事です。
12を素因数分解すると、

$$2^2 \times 3$$

です。

約数の1、2、3、4、6、12は12の素因数である「2個ある2」と「1個ある3」を何個か掛け合わせてできています。

たとえば3は「1個ある3を1個使い、2は2個あるけれど1個も使わなかった」もので、6は「2と3を1個ずつ使った」ものです。

つまり、約数とは素因数分解して出てきた素数を、登場した個数以下なら何個でもいいから（使わない=0個でもいい）、掛け合わせたものなのです。

$3=3^1$、$6=2^1 \times 3^1$なわけです。

そこで元の12の素因数分解を生かして、

$$12 = 2^2 \times 3^1$$

と表すことができます。

そうなると、

$$\text{約数} = 2^a \times 3^b$$

として、aには0か1か2、bには0か1のいずれかを代入したものが12の約数と考えることができます。

スッキリ統一的に理解でき、約数の個数の公式が導けるのです。

そして、このとき

$$3 = 2^0 \times 3^1$$

なので0乗を1と定義しておいてよかったと感じるのです。

約数の個数の公式は右図の樹形図を見ていただければ容易に理解できると思います。

指数に1を足す意味は、0個のときも場合の数に含めるからです。

また、約数の総和の公式は、

$$(p^0+p^1+p^2+\cdots+p^a)(q^0+q^1+q^2+\cdots+q^b)(r^0+r^1+r^2+\cdots+r^c)$$

で表せます（これらの公式も単に丸暗記しているだけの人が実に多いです。こんな公式は意味も考えず丸暗記したのではすぐに忘れてしまうでしょう）。

12の場合で見てみましょう。

樹形図の右の約数を、掛け算で表した式を全部足すと、

$$
\begin{aligned}
&2^0\times3^0+2^0\times3^1+2^1\times3^0+2^1\times3^1+2^2\times3^0+2^2\times3^1\\
&=2^0(3^0+3^1)+2^1(3^0+3^1)+2^2(3^0+3^1)\\
&=(3^0+3^1)(2^0+2^1+2^2)
\end{aligned}
$$

というようになり、約数の総和の公式も導けます。

このように0乗が1であるという定義から派生的に色々なことが見えてきます。

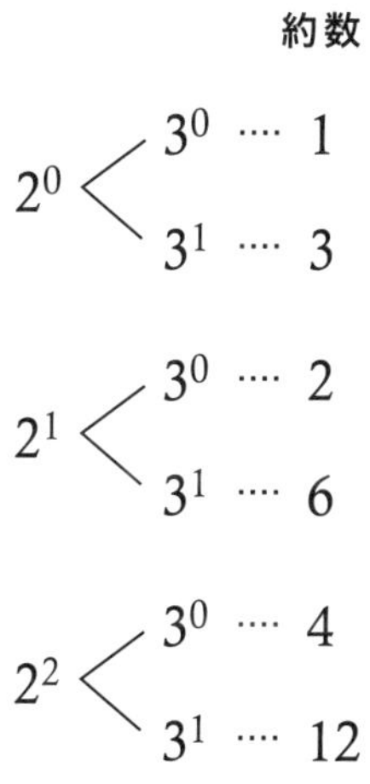

■12の樹形図

定義を意識する
その2

0!は
なぜ1なのか

4!＝ 4×3×2×1 で 4からスタートする。
ではO!のスタートはどこになるのか

▶違和感のある階乗の定義

「!」は数学の世界では階乗といいます。

たとえば5の階乗（5!）というのは5×4×3×2×1を指すように、5以下の自然数を順々に掛けていくのです。

「0乗が1」と同様に0!が1なのも初めはものすごく違和感のある「定義」です。

そう、これもやはり定義で、そもそも階乗は本来、n!のnは自然数でたとえば、

$$4! = 4 \times 3 \times 2 \times 1$$

というようにnから1ずつ減りながらかけていき最後は1までです。

なので、0!だと最後の1よりもさらに少ない0から掛け始めるので、もはや意味がわかりません。

このようなとき無理に定義する必要はないので0!は定義しないというのも1つの考え方としてあるでしょう。

しかし、0!は定義したくなるから定義したのですが、定義したくなった理由は何でしょうか。

0!=1であることをもっとも簡単に納得してもらえるのは次の式です。

$$\frac{n!}{(n-1)!} = n$$

この等式は実際に数字を入れてみれば明白です。

$$\frac{5!}{(5-1)!} = \frac{5!}{4!} = \frac{5\times4\times3\times2\times1}{4\times3\times2\times1} = 5$$

$$\frac{4!}{3!} = \frac{4\times3\times2\times1}{3\times2\times1} = 4$$

$$\frac{3!}{2!} = \frac{3\times2\times1}{2\times1} = 3$$

$$\frac{2!}{1!} = \frac{2\times1}{1} = 2$$

こうなれば次は、

$$\frac{1!}{0!} = 1$$

となるのが自然でしょう。
ただ、これには納得はするものの、

$$\frac{n!}{(n-1)!} = n$$

という公式自体が別になくてもたいして困らないのでわざわざ0!=1と定義するほどの価値は感じられません。
そこで場合の数のことを考えてみたいと思います。
階乗が最も頻繁に登場するのは場合の数の計算だからです。

▶場合の数を美しく表す、「階乗」の定義

「5人が1列に並ぶのは何通りあるか」ということを考えるときにこの階乗がとても役に立つのです。

5人が1列に並ぶ場合、1人目は5通り、2人目は4通り、3人目が3通り……となるので、

$$5! = 5 \times 4 \times 3 \times 2 \times 1$$

と表すことができます。

次に5人のうち3人だけ並ぶ場合の数は、

$$5 \times 4 \times 3$$

となります。

記号を使うと${}_5P_3$と表記します（パーミュテーション＝順列）。

ではこれを一般的にn人のうちk人だけ並べる場合だと

$${}_nP_k$$

と表記しますが、式で表すとどうなるでしょうか。

$${}_nP_k = \overbrace{n(n-1)(n-2)\cdots\cdots(n-k+1)}^{k\text{個}}$$

といった表記となりますが、途中「……」と表すのはちょっとダサい。

順番に掛けるのだから階乗の記号「!」を使いたいところ

です。

そこで、n人のうちk人だけ並ぶところを、一旦全員並べてしまえばその場合の数はn!となります。

$$n! = n(n-1)(n-2)\cdots\cdots(n-k+1)(n-k)(n-k-1)\cdots\cdots3 \times 2 \times 1$$

でも実際には、

$${}_nP_k = n(n-1)(n-2)\cdots\cdots(n-k+1)$$

なので、後半の、

$$(n-k)(n-k-1)\cdots\cdots3 \times 2 \times 1 = (n-k)!$$

は不要です。

ですから具体的数字、さきほどの例にもあった ${}_5P_3$ のときは最初から、不要な2×1は書かずに、

$${}_5P_3 = 5 \times 4 \times 3$$

としました。

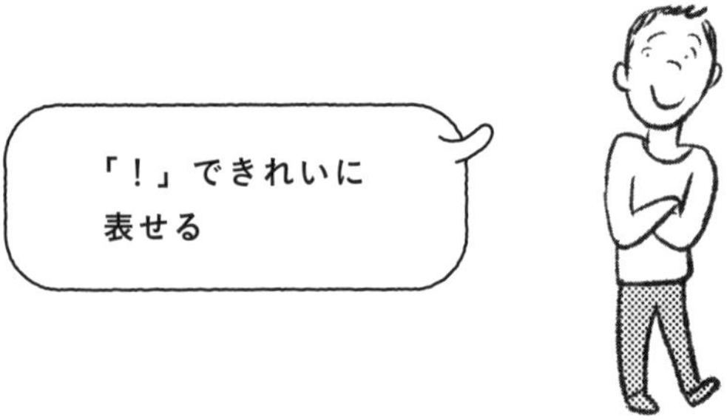

しかし、${}_nP_k$ の場合はn!と一旦不要な　(n-k)(n-k-1)……3 ×2×1　まで書いて、それを割り算で消去することによって

$${}_nP_k = \frac{n(n-1)(n-2)\cdots\cdots(n-k+1)(n-k)\cdots\cdots3\times2\times1}{(n-k)(n-k-1)\cdots\cdots3\times2\times1} = \frac{n!}{(n-k!)}$$

とスッキリ表記することができます。

ところがここでn人全員並ぶときの場合の数は当然n!通りですが、それを公式に当てはめると、

$${}_nP_n = \frac{n!}{(n-n!)} = \frac{n!}{0!}$$

となってしまいます。

そこで、0!=1と定義すればこの公式は例外なく使えるようになり都合がよく調和が保たれるのです。

▶あらゆる調和を保つ「定義」の存在

順列だけでなく組み合わせの計算でも0!=1と定義すると都合が良さそうです。

たとえば7人から3人選ぶ組み合わせは、

$${}_7C_3$$

と表記します（コンビネーション=組み合わせ）。

この計算はまず、7人から3人、順番を考えて並べます。

すると7×6×5通りの順列ができます。

しかし、この中には、たとえばA、B、Cという3人の組み合わせが、

（ABC、ACB、BAC、BCA、CAB、CBA）

と3人を並べ替える$3!=3\times2\times1$の分だけ重複して数えてしまっています。

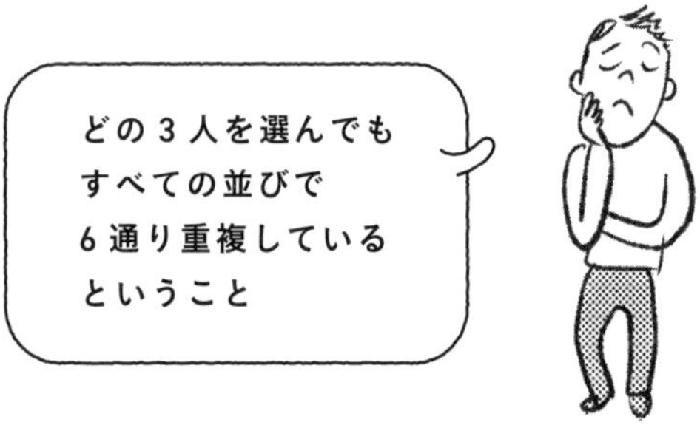

つまり、$7\times6\times5$通りは1つの組み合わせでいいものをすべて（$3\times2\times1$）回重複して数えてしまっているのです。

そこで求めたい場合の数は、

$${}_7C_3=\frac{7!}{3!}$$

となります。

では、一般的にn人からk人選ぶ組み合わせ${}_nC_k$がどうなるかを考えましょう。

$${}_nC_k=\frac{\overbrace{n(n-1)(n-2)\cdots\cdots(n-k+1)}^{k個}}{k!}$$

となりますが、やはり表記がダサい。

そこでPのときと同様に、分母と分子に $(n-k)!$ を掛けるとどうなるでしょうか。

$$ {}_nC_k = \frac{n(n-1)(n-2)\cdots(n-k+1)(n-k)!}{k!(n-k)!} = \frac{n!}{k!(n-k)!} $$

とスッキリ表記できました。

しかし、やはりここで同様の問題が発生します。

n人からn人選ぶ組み合わせ、すなわち全員選ぶということですが、それは1通りに決まっています。

公式に当てはめてみると、

$$ {}_nC_n = \frac{n!}{n!(n-n)!} = \frac{n!}{n!0!} $$

となります。

この結果は1でなければならないのですが、それにはやはり $0!=1$ だと調和が保たれるのです。

このように0乗が1であるとか $0!$ も1であるといった定義もそのように定義するに至った経緯や理由まで考えればより深く、そして幅広い知識につながっていきます。

第2章

「やり方」だけを覚えない。「仕組み」を考え、理解する

「仕組み」は「やり方」を凌駕する

~悪しき慣例「はじき」と「くもわ」~

暗記に理論が伴えばどんな問題も解ける

私は「はじき」や「くもわ」に出会うことも使うこともなく小・中学校生活を過ごせて幸運でした。しかし、最近では義務教育の9年間で学校・塾のどの先生からもこれらを教わらずに済むラッキーな生徒は稀《まれ》のようです。真に優秀な生徒は仮に先生からこれらを教わったとしても「これは不要でむしろ害悪で使うべきではない」と判断して忌《き》避《ひ》できますが、大多数の生徒は先生の言うことは鵜《う》呑《の》みにしてしまいます。論理力をはぐくむことを阻害する悪しき学習法「はじき」「くもわ」から脱却して「数学脳」を身につける第一歩を踏み出して欲しいと思います。

▶すぐに忘れてしまうのはなぜか

この世の99.9%の人は、掛け算・割り算の筆算は仕組みなど考えずに「やり方」だけを身につけて計算してきたでしょう。

私自身も掛け算・割り算の筆算でどうして正しい結果が得られるのかを考えたのは塾講師になってからでした（100ページ参照）。

なので、人に算数・数学を教える立場になる人以外は、理屈抜きに「やり方」だけを覚えるというのは少しならあってもいいとは思います。

ひっくり返してかける、分数の割り算もその1つかもしれません。

しかし、「やり方」そのものも一度は誰もが「なぜそうなるのか」と考えておくべきだと思います（89ページ参照）。

だからこそ、全国の小中学校および塾で蔓延している「はじき」には辟易《へきえき》します。

この方法はまさに「本質を捉える」ことを拒否した学習法です。

先生は「そんなものは使わないで速さの本質を意識して具体的な簡単な例（時速4kmで2時間歩いた距離や3分で600m進んだ時の速さなど）を考えれば式は必然的に導ける」と指導すべきで

しょう（後述の帰納法的思考）。

私が塾のある1つの支部の中学3年生、約120人全員を担当していたとき、テストの大問1番の「分速a(m) でb時間進んだ距離は何kmですか」という小問に100人以上が「ab」と答えていました。

後に地区No.1の公立高校に進学した女子生徒も「だってO先生が“はじき”って教えてくれたよ」と言って、堂々と問題を間違えていました。

O先生というのは理科の担当で、“はじき”だけでなく理科に出てくる公式のすべてを、頭文字をとった“はじき方式”にして、繰り返し丸暗記させる授業スタイルでした。

壁が薄くて隣の授業の声が聞こえてくる構造だったので覚えたくもないのに「あめち」をはじめとした謎の呪文が私の頭に残ってしまいました。

O先生の口から「あめち」という言葉は聞きたくもないのに何十回も聞かされましたが、「圧力とは単位面積あたりにかかる力」という定義はただの一度も聞くことはありませんでした。

「圧力は単位面積あたりにかかる力だから、面積が狭くなれば小さな力でも圧力は大きくなる。針の先で軽く突っつかれるだけで痛いのは針先の面積が小さいので、とてつもない圧力がかかっているから」

などといった話は一切なく、1回の授業で「あめち」を何度も連呼して数字を変えただけの例題を何問も出して答えさせていました。

まさに本質とはかけ離れた授業です。

こんな方法でいくら正解を出しても本質的な理解は得られません。
本質が理解できていればちょっとした変化は根本に立ち返って意味を考えればその場で解決できます。

しかし、本質的な理解がなければほんのちょっとの変化（速さと時間の単位が異なるなど）にも対応できないのです。

私は一時期ルービックキューブを6面そろえるのに2分とかからない技を持っていました。

まず、ルービックキューブの1面だけをそろえるのは自分で動かし方の理屈を理解してできるようになりました。

が、それ以上はマニュアルを見て、やり方だけを暗記して6面をそろえられるようになりました。そこから時間短縮の練習をしたのでした。

結果、2分でできるようになりました。

やらなくなって数年経った今、自分で身につけた1面だけは今でもそろえられますが、それ以上はそろえることができません。

理論を伴わないマニュアル丸暗記はちょっとやらなければすぐに忘れてしまうのです。

「やり方だけを覚えても理論がわからなければ身につかない」ということを自ら実証する結果となったわけです。

「やり方」
を見直してみる
その1

「くもわ」とは いったい何か

「割合」、「比べられる量」、「基となる量」の
仕組みを理解する

▶数学で「ヤマカン」が生まれる悲劇

速さの問題を解くときに「はじき」を使うのと同様に、全国の小学校で割合の問題を考えるときには「くもわ」なるものが蔓延しているらしいです。

実際に現場を見たわけではなくネット記事の情報なのでどの程度の数の先生が使っているのか、その「割合」はわかりませんが、YouTubeで検索するとたくさんそれを使った算数の授業動画が投稿されていました。

やり方は「はじき」と同じで、下の図のような「くもわ」なるものを書いて、文章題の中から「割合」「比べられる量」「基となる量」のうちの2つを探し出してきて、「くもわ」の図に入れます。

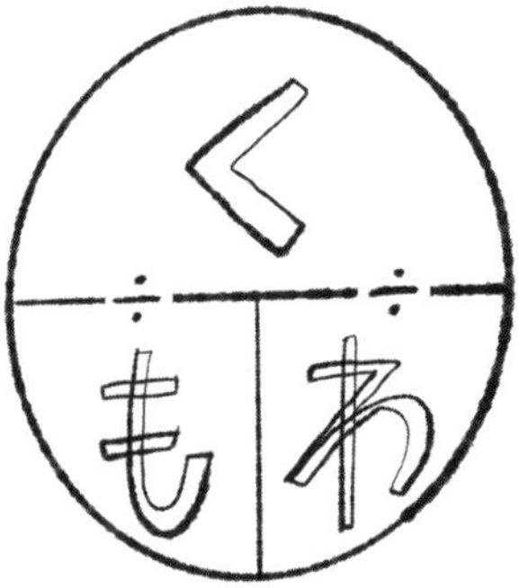

■くもわの図

残りの1つの値を掛け算なのか割り算なのか、割り算ならどちらをどちらで割るのかがわかる仕組みになっているそうです。

たとえばこんな問題があったとします。

問題

太郎さんの学年では12人の人が眼鏡をかけていて、それは学年全体の3%だそうです。
学年の人数は何人でしょうか。

この問題であれば、「割合=3%」「基となる量=12人」の2つの数字を探し出して当てはめて答えを出すといった方法です。

まさに「やり方」だけを覚えて本質を理解することを拒否した学習法です。

こういった類の問題で私は自分で解くときも人に教えるときも「比べられる量」とか「基となる量」などということを考えたこともなければ、もちろん教えたこともありません。

文科省が小学生に対して次のような問題の正答率を調査したことがありました（問題文の数字などは実際とは異なります）。

問題

壁にペンキを塗るのに缶に入っている量の$\frac{1}{12}$にあたる$\frac{3}{4}$リットルを使いました。
缶に入っていたペンキは何リットルですか。

この問題の正答率は約30%でした。

この問題で足し算・引き算を思い浮かべる人は流石にほぼ

いないでしょう。

したがって掛け算か割り算となるので、

$$\frac{1}{12}\times\frac{3}{4}$$

$$\frac{1}{12}\div\frac{3}{4}$$

$$\frac{3}{4}\div\frac{1}{12}$$

のうちのどれかです。正答率が約30%というのはほとんどの人がこのうちのどれかを適当（デタラメという意味）に選んだ結果です。

「くもわ」を習った人も結局本質を理解していないからどれが「比べられる量」でどれが「基となる量」で、どれが「割合」なのかが見抜けず、数字をヤマカンでお得意の図に入れて計算したのでしょう。

結果的に、正解にたどり着けなかったのです。

▶「何は何の何倍か」だけで解決する

人間誰しも抽象的な文字で考えるより具体的な数字で考えるほうがイメージしやすく式を立てやすいでしょう。

分数も日常での使用頻度が整数とは比べ物にならないくらい少ないので、文字と同じくらいにイメージしづらいはずです。

だから分数を整数に置き換えて考える工夫をすればいいの

です。
「缶に入っている量の$\frac{1}{12}$にあたる$\frac{3}{4}$リットル」を「缶に入っている量の2倍にあたる6リットル」というように自分で式を考えやすい問題文に作り替えてみましょう。

$$缶 \times 2 = 6 だから、缶 = 6 \div 2$$

と一旦考えてから本来の数字を入れて、

$$缶 = \frac{3}{4} \div \frac{1}{12}$$

とすればいいだけです。

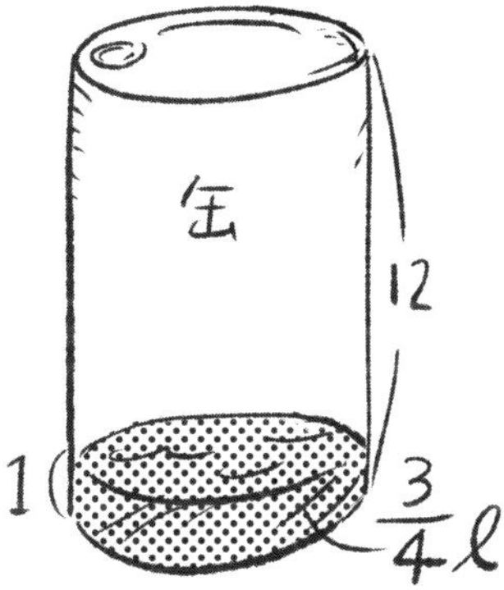

すると、「そんなことをいちいちするくらいなら『くもわ』に数字を入れて計算したほうが早い」と言われるかもしれません。

しかし、算数・数学が苦手な子は問題文からそもそも何が「比べられる量」で、何が「基となる量」で、何が「割合」

なのかの判断ができないのです。
それを判断できるようにするためには結局「何は何の何倍か」という割合の本質を理解する必要があります。

「何は何の何倍か」を問題文から読み取ろうとすれば自然と掛け算の式を考えることができ、それと同時に「基となる量」だとか「比べられる量」といった言葉が不要であることがわかるのです。

このように、割合の本質は、

「何は何の何倍か」

だけです。
「AはBのC倍です」ならA=B×Cという掛け算が思い浮かぶのが自然です。

そして、算数・数学において重要な帰納法的思考（189ページ参照）、すなわち、具体的な例から法則を見出すことがポイントなのです。

A、B、Cにわかりやすい簡単な数字を入れて考えればいいだけです。
6は2の3倍なら6=2×3というように。

▶具体的な例から本質に迫る

まずは「6=2×3」のような整数で「何は何の何倍か」という関係を具体的な数字で思い浮かべます。
そして、「割合」というのは○倍の部分が多くの場合に

1未満になっているだけです。

1未満なので0.…という小数になり、小数は見た目にきれいではないので、なるべく整数になるように、「0.12=12%」や「0.452=4割5分2厘」としたり、きりのいい数で等分したときに「$\frac{1}{3}$」などの分数を使ったりするだけです。

「%」や「割・分・厘」など、割合を示す数字は小数に換算した後に必ず「12%=0.12倍」、「4割5分2厘=0.452倍」とすればよいですし、「全体の$\frac{1}{12}$にあたる$\frac{3}{4}$リットル」のように単位のついていない分数であったとしても、「$\frac{1}{12}$倍」のように必ず「倍」という文字をつけて考えるようにすれば掛け算の式は容易に立式できるはずです。

眼鏡の人（12人）は全体の3%(=0.03倍)
缶に入っているペンキの$\frac{1}{12}$倍が$\frac{3}{4}$リットル

とすれば、

$$12 = 全体 \times 0.03$$
$$缶 \times \frac{1}{12} = \frac{3}{4}$$

というように文章のままを式にすることは簡単です。

そして、6=2×3を思い浮かべて、2や3のような掛け算の一部がわからないときには割り算をすればいいということがすぐにわかります。

これは一見やっていることは「はじき」や「くもわ」と同じに思われるかもしれません。

もちろん同じ問題でこれだけ単純なので別解と呼べるようないくつもの方法があるわけもないので式は同じに決まっています。

しかし、そこにたどり着くまでの思考過程はまったく違います。

「くもわ」で解かせる指導をする先生の指示は概ね次のようになります。

「くもわ」と呪文を唱えて「てんとう虫」(はじき・くもわで教える先生は大体こう呼びます)の図に「くもわ」と書き込みなさい。そして次に文章の中から○%、○割または分数の「わ(割合)」を探しなさい。その次に「も(基となる量)」を探しなさい。基となる量を探すポイントは、「〜の」というように「の」がつく言葉、そして、〜の部分には大抵「全員、全体、全部」のように「全○」又は「定員、定数、定価」のように「定○」のつく言葉が入ります(実際のYouTubeの動画より)。

つまり、「『わ』と『も』に当てはまる数字が1つしかなかったらもう1つの数字は『く』です。2つの数字が見つけられたら『くもわ』に数字を書き込んで計算するだけです」といった具合です。

はたして、定価などを求める問題などは「原価の20%の利益を見込んで定価をつける」など基にならないことも多いですが、「くもわ」の図だけを覚えておいて大丈夫なのでしょうか。

ちなみに、本質がわかっていれば、

缶に入っているペンキの $\frac{1}{12}$ 倍が $\frac{3}{4}$ リットル

の場合、$\frac{1}{12}$ と分子が1なので、12等分したものが $\frac{3}{4}$ なので、基を出すには12倍すればいいだけですね。

$\frac{3}{4} \times 12$ というように、分子が1である特徴を生かして掛け算によって求める工夫もできます。

▶「くもわ」の本質に迫る問題

私は自分で勝手に算数の文章問題について次のように定義しています。

「文章問題とは答えを出すのに必要な条件の数値が3つ以上あるもの」

したがって、上記の2つの割合の問題のようなタイプのものは私の定義によれば文章問題ではありません。

なぜなら問題文に数字が2つしか登場しないからです。

実は、その意味では小学校の算数の教科書には文章問題がほぼないのです。
なぜ数字が2つでは文章問題といえないかというと、数字が2つでは、足し算・引き算・掛け算・割り算のうちどれを使うかを考えるだけでいいからです。
小学生は負の数を習わないので、引き算は必ず大きいほうから小さいほうを引きますし、足し算と掛け算には交換法則が成り立ちます。

2つの数の足す順番、かける順番は答えに関係ないので、足し算・引き算・掛け算のどれであるかが当たればそれだけで正解です。

ただ、割り算だけはどちらをどちらで割るかを判断しなければならないから割り算であるとわかった後でも、「どちらをどちらで割るか」は2択なので、何も考えなければ当たる確率は50%です。

どっちをどっちで割るかをなんとか50%ではなく100%に近づけてあげたいとの願いから「はじき」「くもわ」なるものを考え出した人がいて広まったのでしょう。
しかし、「はじき」「くもわ」は、残念ながら私の定義では文章問題とされない「数字が2つしか登場しない問題」においては多少の成果があるとしても、数字が3つ以上登場する本当の意味での文章問題ではほぼ使い物になりません。

3つ以上の条件がある問題では、まずいくつかの条件の中から2つの条件を用いて1つの結論を得て、次にその結論とまだ使っていない条件とを組み合わせて新たな結論を得て、ということを繰り返して最終的な結論を得ます。

「はじき」や「くもわ」を使うにしても、まずはどの2つを使うかを選ばなければなりません。

それには速さや割合の本質を理解しないことには不可能です。

そして本質を理解している人は「はじき」や「くもわ」は使いません。

ということは、条件が3つ以上ある真の文章問題では、「はじき」「くもわ」は誰も使わない無用の長物なのです。

「はじき」「くもわ」は論理的な思考をしない習慣を身につけるという弊害しかないのです。

そこで本質を捉えている人にはわかる、割合の文章問題を1つ、ご紹介します。
「はじめに」で紹介した問題です。

問題

ある湖にFという種類の魚が何匹生息しているかを調査するためにFを400匹捕獲して印をつけて元の湖に戻し、数日後Fを200匹捕まえたら8匹に印がついていました。
この湖に生息しているFの数を推定しなさい。

これが本当の意味での文章問題の基本形です。

3つの条件から2つを選んで計算し、そこから得られた結果が何かを考え、そしてその結果ともう1つの条件から結論を導く。

AならばB、BならばCという論理的思考の基本を学ぶ問題です。

このような問題は本質を理解していなければ、どう計算していいか皆目見当がつかないでしょう。

「はじき」や「くもわ」で習った人ならば、このように答えるかもしれません。

「200が『も』で8が『く』でしょ！ そうしたら『わ』が0.04になるね！　次に400は『く』だから400 ÷ 0.04=10000匹が答え」

これじゃ何がなんだかわかりません。
割合の本質は「何は何の何倍か」だけです。
この問題では湖に生息する総数を推定すればいいので、

印のついた魚（8匹）は捕まえた魚（200匹）の何倍か

として計算してもいいですし、

捕まえた魚（200匹）は印のついた魚（8匹）の何倍か

としてもよいのです。

どちらで考えても答えは導き出せるのです。

このような柔軟性は本質がわかっていればこそで、割り算の順番を決める道具である「くもわ」を使っている人にとっては割り算の順番がどっちでもいいなんて想像できないことです。

「印のついた魚（8匹）は捕まえた魚（200匹）の何倍か」の計算

→8=200×□
→□=8÷200=0.04
印のついた魚は全体の0.04倍ということがわかった。
印のついた魚は湖全体に400匹いるということなので、
→400=総数×0.04
→総数=400÷0.04=10000

「捕まえた魚（200匹）は印のついた魚（8匹）の何倍か」の計算

→200=8×□
→□=200÷8=25
捕まえた魚は印のついた魚の25倍ということがわかった。
湖には印のついた魚（400匹）の25倍の魚がいるということなので、
→400×25=10000

たしかに、この問題でも「くもわ」に2回うまく数字を入れることができれば答えにはたどり着きます。

しかし、特に2回目の印のついた魚から全体の数を推定する際の「くもわ」の図に数字を正しく入れるのには本質を理解した論理的思考力が必要です。

そして、本質を理解して論理的思考力ができる人はそもそも「くもわ」を使いません。

つまり、「くもわ」をいつまでも使い続ける人は本質を理解できていないということです。

「くもわ」を使うから本質が理解できないのか、本質が理解できないから「くもわ」を使うのかどっちなのかはわかりませんが、とりあえず「くもわ」や「はじき」を使うのをやめるのが論理的思考力養成への第一歩でしょう。

「やり方」
を見直してみる
その2

「はじき」とは
いったい何か

「速さ」、「時間」、「距離」から、
本質を捉え、先読みする

▶本質を捉える、その効能

本質がわかると先読みができるようになります。
次のような問題はどうでしょうか。

問題

Aさんは毎分75mの速さで歩いて家を出ました。
その15分後にAさんの姉が自転車に乗り毎分200mの速さでAさんを追いかけました。
Aさんの姉は家を出て何分後にAさんに追いつくでしょうか。

もちろん公式丸暗記の人は例の「はじき」の図を書いて、

$$75 \times 15 = 1125$$
$$200-75 = 125$$
$$1125 \div 125 = 9$$

と計算します。

もちろん何の問題もありません。
しかし、本質がわかっている人は先読みができるので75 × 15 の結果はどうせ割り算をするから計算しないほうがいいという頭が働き、次のような分数式で約分をして計算をラクにします。

$$\frac{75 \times 15}{125} = 9$$

（25で割る）3　　　3（5で割る）

$$\frac{\cancel{75}\times\cancel{15}}{1\cancel{25}}=9$$

$\cancel{5}$

（25と5で割る）

■約分の斜線

▶先読みできれば、工夫ができる

方程式の文章題の単元では「やり方」は「求めるものを x とする」と教えるのが一般的ですが、私は決してそのようには言いません。

「求めるものを x とするのが原則だけど、工夫して計算しやすいような x の置き方がないか常に考えるように」と言います。

次のような問題ではどうでしょうか。

問題

列車が鉄橋を渡り始めてから渡り終わるまでにかかる時間は、長さ200mの普通列車では30秒、長さ160mの特急列車では14秒でした。
また、特急列車の速さは普通列車の速さの2倍でした。
この鉄橋の長さは何mか求めなさい。

この問題に対する「やり方暗記」「はじき」推奨の先生の解法は次の通りです。

橋の長さ（求めるもの）を x とします。

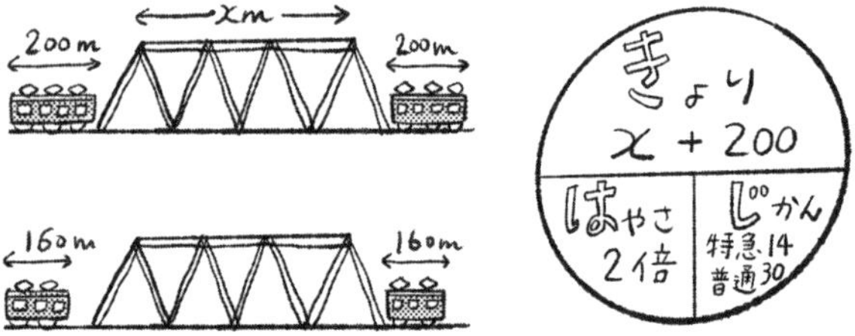

	走った距離	時間	速さ（「はじき」を使って）
普通列車	$(x+200)$m	30秒	$\frac{x+200}{30}$
特急列車	$(x+160)$m	14秒	$\frac{x+160}{14}$

特急列車の速さは普通列車の2倍なので、

$$\frac{x+200}{30} \times 2 = \frac{x+160}{14}$$

これでは分数の計算が面倒でただでさえ数学が苦手な子は辟易《へきえき》してしまいます。

速さにしろ、割合や食塩水にしろ、最もイメージしやすいのは掛け算なのです。

掛け算で式を作るためには速さを x とすればいいのです。

普通列車の速さを x（m/秒）とすれば、特急列車はその2倍

なので $2x$(m/秒) です。

つまり、

普通列車　30秒で進んだ距離　$30x$ = 橋の長さ +200
特急列車　14秒で進んだ距離　$2x \times 14$ = 橋の長さ + 160

橋の長さが等しいという式を作れば、

$$\rightarrow 30x - 200 = 28x - 160$$
$$\rightarrow x = 20$$

もちろんでてくる x は求められている橋の長さではないので最後に計算が必要ですが、方程式のたてやすさ・解きやすさはどちらが簡便かは一目瞭然でしょう。

このようにただ「はじき」に当てはめて問題を解くだけでなく、本質を理解していれば、たとえ「はじき」を使っていたとしても、計算の段階で、やりやすく、計算のしやすい最善の方法をとって、問題に対処できるのです。

▶理解が深まればどんどん工夫ができる

もう1問、速さの問題です。

まずは問題をどうぞ。

問題

A、B、Cの3人が100m競走をしました。AはBに20m差をつけてゴールし、BはCに20m差をつけてゴールしました。
では、AはCに何mの差をつけてゴールしたでしょうか。

やはり、本質を理解していない人は、

**「AとBの差が20m、BとCの差も20mなので
AとCの差は40m」**

としてしまいます。

また、「はじき」が大好きな人も「速さ」も「時間」も問題文にないので手も足も出ません。

問われていることをxとするという「やり方」を暗記している人も「AとCの差をx」としても方程式を作るにはその他にA、B、Cの速さなども文字でおかなければならず大変です。

ここでも本質を理解して工夫する意識がある人ならば、

「『速さ×時間＝距離』という式は『距離』は『速さ』『時間』に比例している、すなわち、速さが2倍、3倍となれば距離も2倍、3倍となる」

ということに注目します。

すなわち、同じ時間に進んだ距離の比と速さの比は等しいということです。

つまり、AとBは同じ時間にそれぞれ100m、80m進んだとすれば、

速さの比　A:B = 100:80 = 5:4

同様にBとCは同じ時間でそれぞれ100m、80m進んだので、

速さの比　B:C = 5:4

ということがわかります。

ここで「比は同じ数をかけたり同じ数で割ったりしても比は変わらない」という性質を使えば、Bの値が同じになるように、

A:B = 5:4 = 25:20
B:C = 5:4 = 20:16
A:B:C = 25:20:16

AとCの速さの比は25:16であることがわかります。

ここで再び「距離」は「速さ」に比例する、すなわち、「速さの比＝距離の比」なので、25:16という速さの比は同じ時間に進む2人の距離の比でもあります。

問われていることはAがゴールしたとき（100m走った）のCの進んだ距離なので、

$$25:16 = 100:64$$

とすることができますね。

するとAが100m進む間にCが進む距離は64mであることがわかり、問題の答えは100 − 64=36mとすぐに出せます。

▶いろんなアプローチで問題解決ができる

次の問題はどうでしょう。

問題

ある学校の生徒の男女比は5:6で自転車通学の割合は男子が40%で女子は30%、全体では190人です。
この学校の男子の人数を求めなさい。

ここでも求めるものをxとおくと男子の人数をx人とすることになります。

ここで女子の人数をxで表さなければならないのですが、男女比が5:6で男子がx人のときの女子の人数をxで表すのは「くもわ」を暗記しているだけの生徒にとっては不可能でしょう。

でも、もしも問題文で女子の人数も聞かれていれば2つの未知数を求められているから連立方程式であると判断できます。

女子をy人とおいて、

$$x:y = 5:6$$
$$0.4x+0.3y = 190$$

という連立方程式が立てられるかもしれません。

ただ、これだと、

$$6x = 5y\ ,\ y = \frac{6x}{5}$$
$$4x+3y = 1900\ \ ,\ 4x+3\times\frac{6x}{5} = 1900$$
$$20x+18x = 9500\ \ 38x = 9500$$
$$x = 250$$

というようにかなり面倒な計算をしなければなりません。

一方、本質を捉えて工夫することを常に考えている人はここでは男子の人数を聞かれていても当然男子の人数をx人とおくようなことはしません。

もちろん女子でもありません。

ここではもはや人数という具体的なものを x とするのではなく、抽象的で何者でもない x を想定して、男子の人数を、

5 x 人

女子の人数を、

6 x 人

と設定します。

そうすると方程式はたった1行ですみます。

$$5x \times 0.4+6x \times 0.3 = 190$$
$$3.8x = 190$$
$$x = 50$$

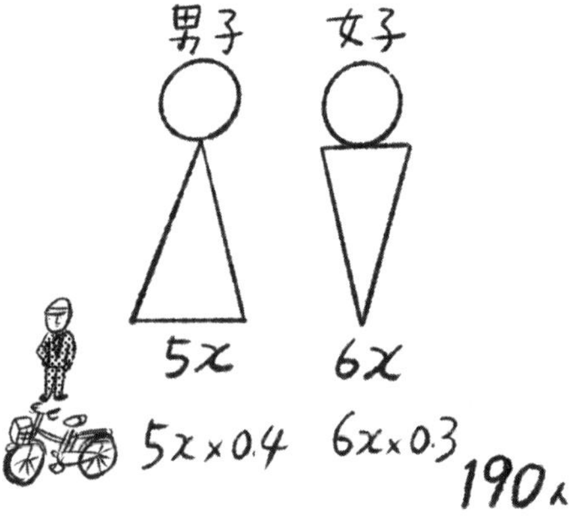

つまり男子は、

$$50 \times 5 = 250\text{人}$$

とわかるのです。

このように本質を捉えて工夫することにより、計算もものすごくラクになりミスも減らせるのです。

第3章

なぜそうなるのかを考える

理由・理屈を考えるのは最強

~分数の計算式を例に~

「当たり前」の中に省略された大切な思考のプロセス

分数の加減剰余では、唯一割り算だけ、ひっくり返すということを学びますが、あなたはそのことに疑問をもったことはありませんでしょうか。このようなことにも「なぜそうなるんだろう」と考えるだけで論理的思考は養われると私は思います。本質を考えながら、論理を積み重ねて考えてみてほしいと思います。

▶「そういうものだから」を疑う

数学に限らずあらゆる事象に対して「なぜそうなるのか」という理由・理屈を考えることはとても重要です。

そして、「なぜそうなるのか」という疑問を持ち、「なんで?」と尋ねることは、小さい頃は誰でもやっていたはずです。
でも算数・数学に関してはいつしかそれをやらなくなってしまう。

その原因はきっと分数の割り算にあると勝手に思っています。

「どうして分数の割り算はひっくり返して掛け算にするの?」

誰でも先生か親または兄か姉に聞いたことがあるはずです。

そして、おそらくそれに対する返事は「そういうものなの!　覚えちゃえばいいの!」だった人が多いのではないでしょうか。

きっとそれ以降、算数・数学に関する「何でそうなるの?」という疑問は抱いても「そういうもの、覚えるしかない」という姿勢になり、疑問も持たなくなってしまった人が多くなったと私は推測しているのです。

「はじき」方式の授業を批判すると必ず返ってくる反論は次のようなものです。

「とりあえずやり方だけ覚えて答えを出せるようにして問題が解ける喜びを感じてもらい、算数・数学ぎらいを解消し、あとでゆっくり理論がわかればいい」

今度とお化けは出たことがないとよく言いますが「あとで」も約束が果たされることは滅多にありませんね。

分数の割り算がなぜひっくり返してかけるのかを、“あとで”理論を考えたり教わったりした人が一体どれだけいたでしょうか。

やり方だけを教え、「なぜそうなるか」をほぼ教えない先生が一部にでも存在する以上、運悪くそのようなタイプの先生にしか教わらない人もいるでしょう。

せっかく理論の説明をしてくれる先生であっても、その理論の説明がわかりづらくて理解できない先生に教わることもあります。

でも、所詮人に教わって身につけるものなど勉強のごく一部です。

学問は自分自身で悪戦苦闘して自らの能動的な努力によって身につけていくのが90%以上です。

ただ、その自らの能動的な努力をするときに公式の暗記に労力を割くのではなく、「なぜそうなるか」ということを考えることに注力すべきなのです。

幸いにも現代はネットで調べれば大抵のことはわかります。

しかし、「なぜそうなるか」ということを考えることがなければネットも宝の持ち腐れになってしまいます。

私、実は数Ⅲの勉強は40代半ばに始めました。

そのとき自然対数の底であるネイピア数eがどうしても理解できませんでした。

そんなとき理系の最難関大学、慶應義塾大学医学部の学生と話す機会があったので、「なんで$y=e^x$は微分しても式が変わらないで$y'=e^x$のままなの?」と聞いてみました。

すると、

医学生　「そういうものだから」

私　「え!　何でe^xのままなのか理由はわからないの?」

医学生　「うん、そういうものだと思って考えたこともない」

なぜそうなるかを考えなくても最高峰の大学に入れてしま

う人も中にはいますが、あくまで例外と思っていただきたい。

なぜそうなるかということを考え、理論的に解決していく過程でより頭に定着します。

単なる丸暗記では足腰の弱い数学脳にしかなりません。

「なぜそうなるか」
を意識してみよう
その1

なぜ分数の割り算は
ひっくり返して
掛けるのか

分数の割り算の仕組みを
改めて読み解く

▶2通りの割り算で理解する

分数の割り算はなぜひっくり返してかけるのか。

これを説明するのにまずは割り算には2つの種類があることを認識しておく必要があります（$\square \div 整数 = \square \times \frac{1}{整数} = \frac{\square}{整数}$ であることは認めた上で説明します）。

①12個のりんごを3個ずつ袋に詰めていくと何袋できるか。

それは12（個）÷3（個/袋）=4袋となります。

②12ℓのペンキで4㎡の壁を塗った。

1㎡塗るのに必要なペンキの量は12（ℓ）÷4（㎡）=3（ℓ/㎡）となります。

①のようなタイプが分数になると、

問題

$\frac{19}{4}$ ℓの水を $\frac{2}{5}$ ℓずつコップに注いでいくとコップ何杯になるでしょうか。

といった問題になり、式は、

$$\frac{19}{4} \div \frac{2}{5}$$

となります。

さてこれはどのように計算すればいいでしょうか。

分数の足し算・引き算のときに通分したように、割り算でも通分してみましょう。

$$\frac{19}{4} \div \frac{2}{5} = \frac{19 \times 5}{4 \times 5} \div \frac{2 \times 4}{5 \times 4} = \frac{95}{20} \div \frac{8}{20}$$

$\frac{95}{20}$は$\frac{1}{20}$が95個で、$\frac{8}{20}$は$\frac{1}{20}$が8個

そこで$\frac{1}{20}$というのを新しい1単位とすれば、

$$\frac{95}{20} \div \frac{8}{20}$$

は95個を8個ずつ分けたら何袋できるかという問題と同じになり、式は、

$$95 \div 8$$

です。

ところで95や8は95=19×5、8=4×2としてできた数です。

つまり、

$$95 \div 8 = \frac{95}{8} = \frac{19 \times 5}{4 \times 2} = \frac{19}{4} \times \frac{5}{2}$$

となります。

では通分したところから、文字で一般化すればどうなるでしょうか。

$$\frac{b}{a} \div \frac{d}{c} = \frac{bc}{ac} \div \frac{ad}{ac} = bc \div ad = \frac{bc}{ad} = \frac{b}{a} \times \frac{c}{d}$$

となります。

次に②のような、1あたりの量を出すタイプではどうでしょうか。

こちらも分数にしてみます。

問題

$\frac{17}{5}$ℓのペンキで$\frac{3}{4}$㎡ の壁を塗った。
1㎡あたり塗るのに必要なペンキの量はいくらでしょうか。

$\frac{3}{4}$㎡は1㎡を4つに分けたうちの3つ分です。

$\frac{17}{5}$ℓで$\frac{1}{4}$㎡の3つ分を塗ったので、$\frac{1}{4}$㎡の1つ分を塗るのに必要なペンキの量は、

$$\frac{17}{5} \div 3 = \frac{17}{5} \times \frac{1}{3}$$

です。

そして、今求めたいものは1㎡を塗るのに必要なペンキの量で、1㎡は$\frac{1}{4}$㎡が4つ集まったものなので、

$$\frac{17}{5} \times \frac{1}{3} \times 4 = \frac{17}{5} \times \frac{4}{3}$$

となります。

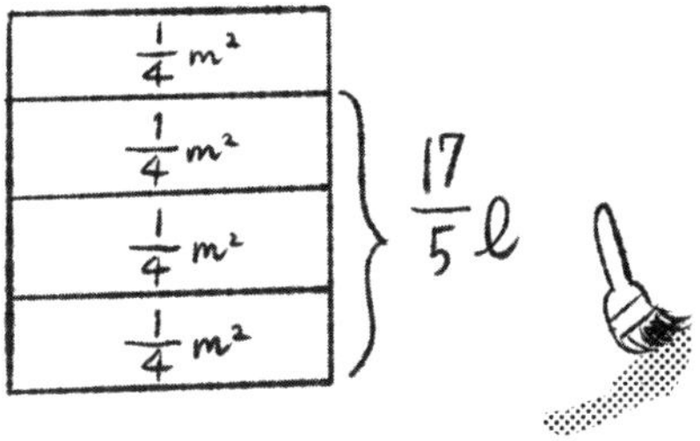

$\frac{17}{5}\ell \div 3 = \frac{17}{5}\times\frac{1}{3}$　……$\frac{1}{4}\text{m}^2$あたりのペンキの量

$\frac{17}{5}\ell \times\frac{1}{3}\times 4$　……1m^2あたりのペンキの量

したがって、

$$\frac{17}{5}\div\frac{3}{4} = \frac{17}{5}\div 3\times 4 = \frac{17}{5}\times\frac{4}{3}$$

となります。

こうやって「分数がなぜひっくり返るのか」というのも、本質から考えることでより理解が深まるのです。

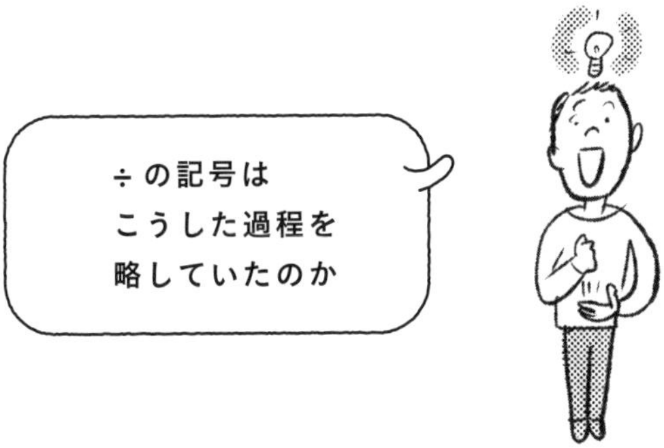

「なぜそうなるか」
を意識してみよう
その2

なぜ筆算で
計算できるのか

「掛け算」、「割り算」の筆算の仕組みを
改めて読み解く

▶理にかなっている掛け算の筆算

2桁以上の数字の掛け算をするとき、当然のように使用する、筆算。

小学校で習う方法ですが、あなたは「なぜ筆算で計算ができるのか」を考えたことはあるでしょうか。

この簡略化された方法も、実のところ、掛け算の筆算は、

$$a \times (b + c) = a \times b + a \times c$$

という分配法則を用いてそれを縦に圧縮して書いているだけなのです。

1つ1つの操作をひも解いていくと、実に合理的にできていることがわかります。

問題

47×36はいくらになるでしょうか。

筆算の計算を書いてしまえばあっという間ですが、今回は違う方法でアプローチしていきます。

問題の式ですが、一般的に2桁の数は、

$$\boxed{a}\,\boxed{b} = 10a+b$$

で表すことができます。

続いて、

$$\boxed{a}\boxed{b}\times\boxed{c}\boxed{d} = (10a+b)(10c+d)$$
$$= 100ac + 10(ad+bc) + bd$$

と表すことができます。

つまり、

$$47\times36=(40+7)(30+6)$$
$$=\underbrace{100\times12}_{\text{④}}+10(\underbrace{24}_{\text{②}}+\underbrace{21}_{\text{③}})+\underbrace{42}_{\text{①}}$$

このようになるのです。

ここまで分解したものを踏まえて、下図をご覧ください。

		47		
	×	36		
①	……	42	……	7×6
②	……	240	……	10（4×6）
③	……	210	……	10（3×7）
④	……	1200	……	100（4×3）
		1692		

この図の①と②、③と④を合体させたものが、

```
          47
  ×       36
  ----------
①＋②…    282
③＋④…   141
  ----------
        1692
```

「141」は「1410」ということ

そう、筆算とはこうした式を非常に簡略的にまとめた計算方法だったわけです。

それが325×67という計算であってもやっていることは同じです。

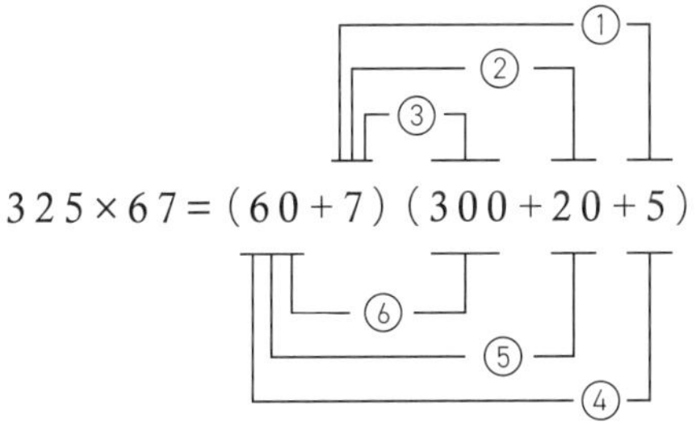

$$\begin{array}{lrl} & 325 & \\ & \times\qquad 67 & \\ \hline ① & 35 & \cdots\ 7\times5 \\ ② & 140 & \cdots\ 7\times20 \\ ③ & 2100 & \cdots\ 7\times300 \\ ④ & 300 & \cdots\ 60\times5 \\ ⑤ & 1200 & \cdots\ 60\times20 \\ ⑥ & 18000 & \cdots\ 60\times300 \\ \hline & 21775 & \end{array}$$

$$\begin{array}{r} 325 \\ \times\qquad 67 \\ \hline 2275 \\ 1950 \\ \hline 21775 \end{array}$$

①と②と③、④と⑤と⑥を1行にしているだけです。

▶仕組みがわかれば、ラクな方法も見つかる

ここでもう一度47×36を考えてみましょう。

$$47\times36=(40+7)(30+6)$$
$$=\underbrace{100\times12}_{④}+10(\underbrace{24}_{②}+\underbrace{21}_{③})+\underbrace{42}_{①}$$

こうなったとき、実は2桁どうしの掛け算ならもっとラクな方法があります。

①と④、②と③を合体させるのです。

どういうことかというと、①と④の合体は、

$$6\times7=42\quad(①)$$
$$3\times4=12\quad(④)$$

を一行に並べるということです。

すると、

$$1242$$

となりますね。

次に②と③の合体ですが、これは、

$$4 \times 6 = 24 \quad (②)$$
$$3 \times 7 = 21 \quad (③)$$

と47と36をたすき掛けをして足すということです。

すると、

$$24+21 = 45$$

最後に、この2つの数字、「1242」と「45」を足して終わりです。

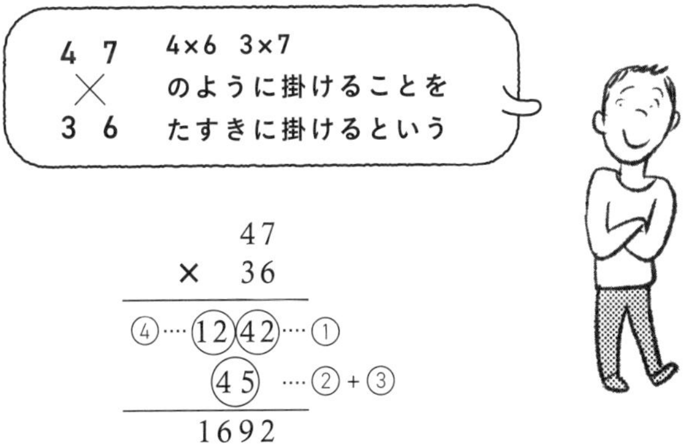

ただ、この「45」には「×10」が隠れているので、足す際には、

$$1242+450 = 1692$$

ということになります。

このようにすれば2桁の数字の掛け算が今まで以上に、スピーディーかつミスが少なくなることでしょう。

▶割り算の筆算も仕組みは簡単

問題

52342÷3はいくらになるでしょうか。

割り算の筆算だけなぜ大きい位から行うのでしょうか。

ただの数字で計算してもイメージがしにくいので、52342円を3人で分ける場合を考えてみましょう。

金額を1円玉に両替して、トランプを配るようにそれらを分ければ確実ですが、普通はそうはしませんね。
まずは5枚の1万円札を3人で分けます。

すると１人１枚で２枚の１万円札が余ります（この時点で１人あたり１万円）。

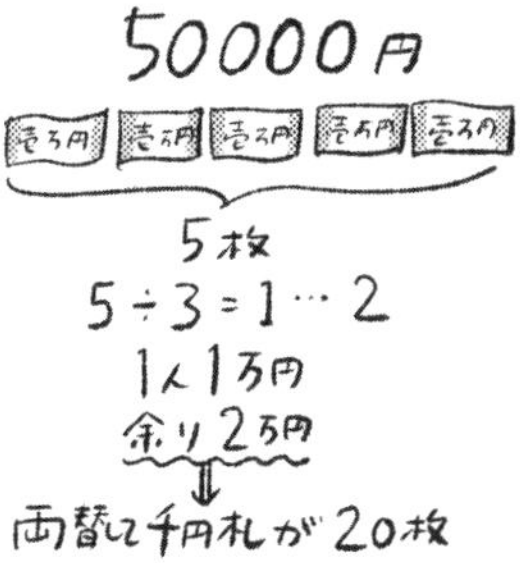

もう１万円札で分けることはできませんので、次は千円札で分けようとなります。

余った２万円を千円札20枚に両替して、もともとあった２枚と合わせて22枚の千円札を３人で分けます。

すると、22を３で割って７余り１。

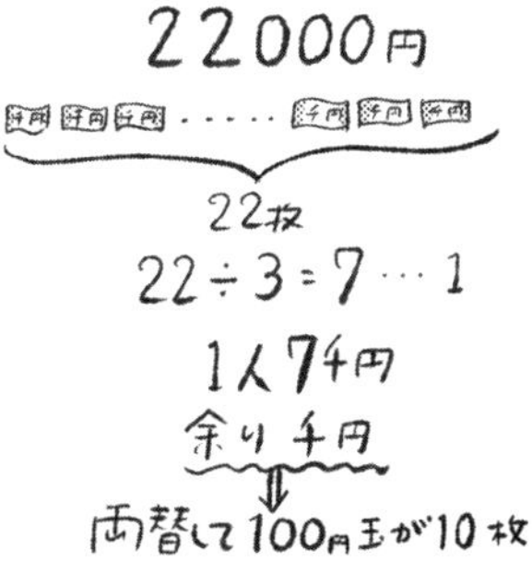

つまり、１人７枚（=7000円）で千円札１枚が余ります。

お金はできるだけ公平に配らなければならないので、万から千、千から百としたように、百円から十円、十円から一円と、各位の余ったお金を下の位に両替して、割っていきます。

その操作が右の図になります。

そうすると最後の1の位までいくと1円が余ります。

筆算を使わなければ、このようにして考えていくわけですが、今までの操作を筆算で書いてみましょう。

```
     ①②③④⑤
      1 7 4 4 7
  3 ) 5 2 3 4 2
      3
    ---------
      2 2            ⓐ
      2 1
    ---------
        1 3          ⓑ
        1 2
        -----------
        1 4          ⓒ
        1 2
        -----------
          2 2        ⓓ
          2 1
          ---------
              1      ⓔ
```

となり、1人に配るお金は①から⑤までの総和で求まります。

1人17447円を配ることができ、1円余るということです。

筆算とは、このような操作を、スピーディーにかつミスをしないために、実に合理的なやり方になっているのです。

小学校では「こうなるから、これを覚えて計算しましょう」と計算ドリルをひたすらやらされたことでしょう。

しかし実際に割り算の操作がどのような仕組みになっているのかということを考えてみると、無駄をそぎ落とした計算方法だということがわかるのです。

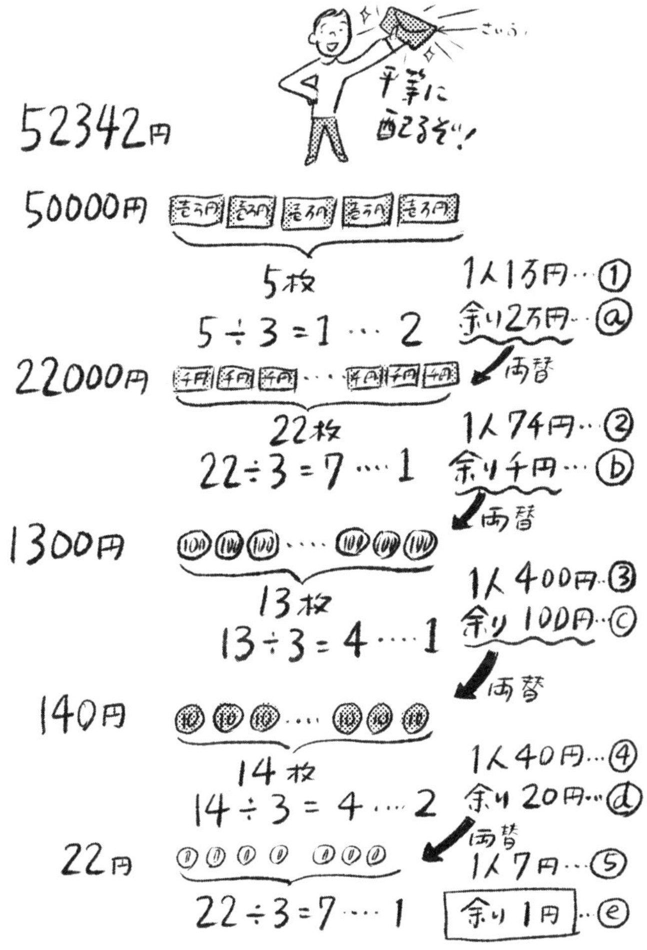
さいふ
平等に
配るぞ!!
52342円
50000円
壱万円
5枚
5÷3=1…2
1人1万円…①
余り2万円…ⓐ
両替
22000円
千円
22枚
22÷3=7…1
1人7千円…②
余り千円…ⓑ
両替
1300円
100
13枚
13÷3=4…1
1人400円…③
余り100円…ⓒ
両替
140円
10
14枚
14÷3=4…2
1人40円…④
余り20円…ⓓ
両替
22円
1
1人7円…⑤
22÷3=7…1
余り1円…ⓔ

数学コラム
その1

不思議で美しい素数の世界

素数は「1とそれ自身以外の約数を持たない数字」のことですが、不思議な魅力があります。いろんな物事を解析してみるとそこには素数が関係していたり、そんな素数の性質を利用して世の中に役立つものが作られていたり……。素数はまだまだ謎がたくさんある、おもしろい存在なのです。このコラムではそんな世界の一部をご紹介したいと思います。

▶素数が連続して出現しない区間は いくらでも広げられる

素数が無限に存在することは紀元前のユークリッドの時代から知られています（証明は114ページ参照）。

ただし、無限に存在するからといって、同じく無限に存在する自然数のように桁数を増やしていくだけで次々とさらなる大きな自然数が生み出されていくように、次々とさらに大きな素数が作り出されるわけではなく、現時点で人類が知っている素数は有限です。

最大の素数は「$2^{82589933}-1$」（2486万2048桁の数）。
1文字の幅を5mmで書いたら124kmにもなります。

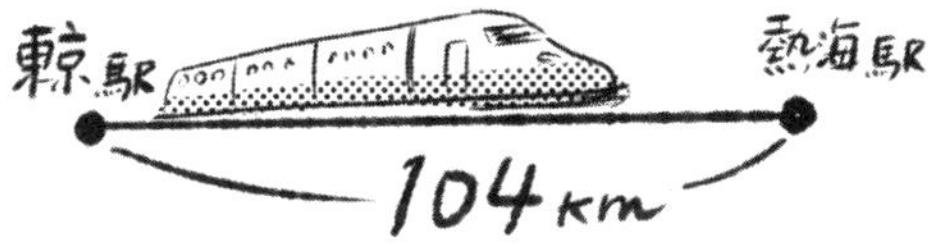

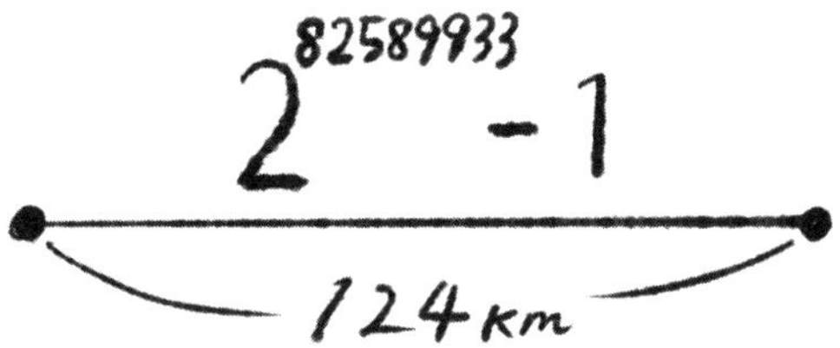

2以外の素数は当然奇数なので、隣同士の自然数が素数となるのは2と3のみです。

それ以上の素数では（11,13）のように隣同士の奇数が素数の場合を「双子素数」といい、その存在が無限なのか有限なのかはいまだにわかっていません。

ただし、連続3つの奇数が素数となるのは（3、5、7）のみです。

証明は簡単で、連続3つの奇数はどれかが3の倍数となります（3以外の3の倍数は素数ではありません）。

つまり、3の倍数でも素数である3を含んだ（3、5、7）のみが条件を満たします。

双子素数のように隣の奇数が素数である場合もあれば、90、91、92、93、94、95、96のように7つも連続して素数が出現しない区間もあります。

このように素数が連続して出現しない区間は最高でどれくらい広いのでしょうか。

素数は無限に存在するのだからいつかは素数が出現するはずです。

しかし、連続して素数が出現しない区間はいくらでも広げることができるのです。

▶素数が連続して出現しない区間はいくらでも広げられることの証明

たとえば2から101までの自然数をすべてかけてできた数をNとします。

$$N = 2 \times 3 \times 4 \times 5 \times 6 \times 7 \times \cdots\cdots \times 100 \times 101$$

Nは当然2の倍数ですし3の倍数でもありますし4の5の6の……101の倍数です。

あるaの倍数である自然数にaを足した数はaの倍数です。

$$a\mathrm{n}+a = a(\mathrm{n}+1)$$

ということはN+2は2の倍数でN+3は3の倍数、N+4は4の倍数……N+101は101の倍数です。

そうであるなら、N+2、N+3、N+4、N+5……N+100、N+101という連続100個の自然数はすべて1ではない何かの自然数の倍数なので素数ではありません。

少なくとも「+○」の数字の約数をそれぞれが持っているからです。

これで連続100個の自然数が素数でない区間を見つけることができました。

ここでは2からかけていく数を101でやめてしまったので

連続する自然数が素数でない区間は100だけでしたが、101でやめずにいくらでも大きくしていけば連続して素数が出現しない区間はいくらでも広げることができます。
「素数は無限に存在するのに素数が連続して出現しない区間はいくらでも広げることができる」

とても不思議な一見すると矛盾しているような結論に驚きますが、決して矛盾はしていません。

▶素数が無限に存在することの証明

「素数が無限に存在する」という命題の否定は「素数は有限個である」です。

したがって、「素数が有限個である」という命題が否定されれば素数が無限に存在することを証明できます。

素数が有限個でその最大の素数をPとします。
2~PまでのすべてのY素数の積をQとします。
すなわち、

$$Q = 2 \times 3 \times 5 \times 7 \times 11 \times 13 \times \cdots\cdots \times P$$

ということです。

R=Q+1としたとき、Rを2で割っても、3で割っても、5で割っても、……、Pで割っても、1余ります。

Rはありとあらゆる素数で割り切れない数なのです。

Rは素数であるとは限りませんが、合成数だとして、

$$R = S \times T$$

と素因数分解できたとしても、SもTもPより大きな素数といえます。

なぜなら2~Pの素数でRを割り切るものはないからです。

これは最大の素数Pというものが存在すると仮定したことに矛盾します。

したがって素数が有限で最大の素数が存在すると仮定したことは誤りなので、素数は無限に存在するといえるのです。

この議論でRを素数と一瞬勘違いしてしまいがちですが、P以下の素因数をもたないだけで素数とは限りません。

Rが「素数となる例」と「素数にならない例」

$2 \times 3 \times 5 + 1 = 31$ 素数

$2 \times 3 \times 5 \times 7 \times 11 \times 13 + 1 = 30031$（合成数 $= 59 \times 509$）

第 4 章

工夫する力を養う

解決への
近道を無数に
見つける

~安易さだけに
惑わされない~

本質は
「工夫」の源泉になる

普段何気なく使っているために、本質を問われたときに、とっさに答えられなかったり、間違ってしまったりすることがあります。この「時速」とか「平均」などといった言葉もそうです。言葉の意味や性質をしっかりとわかっていれば、正しい答えはおろか、簡単な解答方法も見つけることができるのです。

▶教わった方法よりもいい方法はあるのか

数学が苦手な人は「やり方」だけを覚えるので、その弊害として工夫しようという気持ちがまったくないのも特徴の1つです。

これもやはり、「本質」を捉えようという意識が欠けていることに起因します。

たとえば素因数分解。

素因数分解の本質は単に、ある自然数を素数の掛け算に分解することで、「本質」などと仰々《ぎょうぎょう》しくいうほどのことでもありません。

大抵の先生は素因数分解のやり方を割り算の筆算の記号をひっくり返した図のような記号に素因数分解される数字を書いて、小さい素数から順番に割っていきなさいと指導します。

```
2 ) 630
3 ) 315
3 ) 105
5 )  35
      7
```

これ自体は何の間違いもありません。

しかし、たとえば630を素因数分解するときにもそうやるのでしょうか。

私は630をちまちま2や3で割っていく人を見るとやきもきしてきます。
「七《しち》・九《く》・六十三《ろくじゅうさん》の10倍」と考えれば$7 \times 9 \times 10$なのはすぐにわかります。

$$630 = 2 \times 3^2 \times 5 \times 7$$

は縦の計算をする必要はないでしょう。

流石に「本質を捉えて理解する」ことをモットーとしている人でも完全に暗記してしまった九九をあえて使わないようにする必要はありません。

九九だけでなく、「本質を捉えて理解」した上で使用頻度が多いために覚えてしまった公式は大いに使って構わないでしょう。

▶安易な解法に飛びついていませんか？

次に、本質を捉えずやり方だけを覚えた人は工夫ができないどころか手も足も出ない、もしくは即座に誤答してしまい、しかし本質を捉えている人なら工夫して暗算で正解してしまう問題です。

> **問題**
>
> A地点とB地点を行きは時速4km、帰りは時速6kmで往復しました。
> この時の往復の平均の速さは時速何kmでしょうか。

まず、やり方を暗記するだけの人は「平均」という言葉と

2つの数字を見ただけで、

$$(4+6) \div 2 = 5$$

と答えてしまいます。

そして、それが間違いであると指摘した後は「『はじき』の『じ』と『き』の2つがわからないから答えが出せない」と言います。

一方、本質を捉えている人は、そもそも「平均の速さ」とは何なのかを考えます。

算数・数学の問題では「車でA地点からB地点まで時速50kmで進みました」などといった条件が与えられますが、現実にはもちろんそんなことはありえません。

エンジンをかけた瞬間に時速50kmになり到着寸前も時速50kmでは死んじゃいます。

しかし、算数・数学の問題では便宜上ずっと同じ速さで進んだとして計算して考えましょう、としているだけです。

現実の世界ではずっと同じ速さということはなく、速度は刻一刻と変化しますが、それでも「ある区間を時速50kmで走った」と表現するときの「時速50km」とは「平均時速50km」のことなのです。

ただ、ここでの平均はテストの点数の平均のように、1つ1つの点数を足して、足した個数で割る平均とは違うのはわかるでしょう。

刻一刻と変化する速さにはテストの点数のような「1つ1つの値」というものがありません。

では、速さの場合の平均はどのように出すのでしょうか。

ここでも、「そもそも速さ（速度）とは一体何なのか」という本質に関わってきます。

速度とは「単位時間あたりに進む距離」のことで、速度はそもそもが、「1時間あたり」や「1分あたり」にどれだけの距離を進むかの平均値なのです。

つまり、速度を出すための式である（距離）÷（時間）というのが平均速度を出すための式そのものなのです。

この式における（距離）をA地点からB地点、（時間）を移動するのにかかった実際の時間にすれば、その間の移動全体としての平均の速さを表すことができます。

車の速度メーターに表示されている数字も、（距離）をタイヤ数周分、（時間）をそれにかかるほんの0.何秒を示したもので、瞬間における平均の速さを表しているのです（厳密には瞬間における速さとは時間を限りなく0に近づけたときのことです）。

▶本質を理解すれば、工夫して解ける

では、行き時速4km、帰り時速6kmの往復の平均時速はどのように出すのでしょうか。

この問題はAB間の距離が与えられていないのでAB間の距離をa（km）と置いて次のようにやるのが正式なやり方です。

$$\text{往復のそれぞれにかかった時間}:a \div 4 = \frac{a}{4}、a \div 6 = \frac{a}{6}$$

$$\text{往復の距離}:2a$$

$$2a \div \left(\frac{a}{4}+\frac{a}{6}\right) = 2a \div \frac{5a}{12} = 2a \times \frac{12}{5a} = \frac{24}{5} = 4.8$$

このようにして、往復の平均の速さが出るのです。

しかし、本質を捉えている人は感覚的に「この問題は行きと帰りが同じ距離ならその距離に関係なく平均時速は決まる」とわかっています。

わざわざ文字を設定するのではなく、時速4km、時速6kmの場合に計算しやすい12kmという距離を即座に思い浮かべ、行き3時間で帰り2時間、往復24kmなので、

$$24 \div 5 = 4.8\text{km} / \text{時}$$

というように工夫して瞬時に答えを出してしまいます。

数学脳へとまだなっていない人は覚えた一定の「やり方」で答えを出すことに安心感を覚え、その問題独自の特徴を捉えれば工夫してラクになるような場面でも型から外れることを恐れ、工夫しようという気持ちがないので、せっかく用意された近道を通らず遠回りしてしまいます。

遠回りしてでもいつもの一定の型で答えにたどり着ければいいですが、数学の問題はすべてが型通りではありません。

そんなときに、本質を理解しないでやり方だけを覚えた人は完全にお手上げ状態となってしまいます。

一方、本質を捉えて根本原理を理解し、普段から工夫してラクになる方法を常に考えている人は習った「やり方」が使えない初見の問題でも自力で正解にたどり着けることがしばしばあるのです。

解き方を意識する
その1

平均とは何か

社会の中で使われている
「平均」の考え方

▶ニュースで扱われる数字のなぞ

120ページで、行き時速4km、帰り時速6kmで往復したときの往復の平均の速さは時速4.8kmであり、時速5kmではないということはお伝えしました。この平均のことを「調和平均」といいます。

調和平均が使われる例で思いつくのはこの速さの平均と電気回路で抵抗を並列につないだ場合のその間の抵抗の2つが有名ですが、実生活においてはあまり馴染みのないものになります。

普段私たちのまわりで最もよく使われている平均は「相加平均」といわれるもので、よくご存じの「全部足して個数で割り算する」やつです。

そして高校数学で、

「相加・相乗平均」 ($\frac{a+b}{2} \geqq \sqrt{ab}$)

というのが登場します。

ここでも例によって「相加・相乗平均」を使った問題の解き方だけは暗記しているけれど「『相乗平均』とは何なのか」がわかっている人はほとんどいません。

では「相加・相乗平均」とは一体どういうものかを考えていきたいと思います。

よく年度ごとの数値の変化を伝えるニュースで、

「あるものが一昨年から昨年にかけて10%増加で、昨年から今年にかけて30%増加であったときに、昨年から今年は一昨年から昨年にかけてより20ポイント増加した」

といった表現をします。

10%が30%になったのだから20%増加といいたくなりますが、20%増加というときはあるものが1.2倍になったときに使うもので、10という数が30になるのは1.2倍ではありません。

また10%増加、30%増加を本来の意味の1.1倍、1.3倍と捉えても1.1の1.2倍は1.32なので20%増加ではありません。

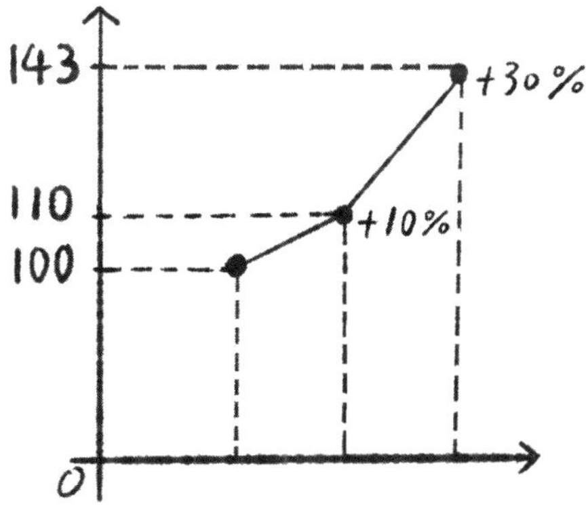

1.1が1.3になるのは1.3÷1.1=1.1818なので18.2%増加です。

ニュースでは「そこそこ増えた」ということを伝えたいので、数字は18.2%よりは差の20のほうがわかりやすいので「ポイント」という単位を使っているのです。

▶利子や金利はどうなっているのか

さてここで2つの問題を出します。

問題1

この例において、一昨年から今年にかけては1年間の平均では何％増加したのでしょうか（もう（10%+30%）÷2=20% などとはやりませんよね）。

問題2

今はゼロ金利の時代ですが、私が小学生の頃は郵便局に10年間定期の貯金をすれば、元の貯金したお金は2倍になるといわれていました。ではこの頃の金利はどれくらいだったのでしょうか。

この2つの問題はつまり、こういうことです。

（問題1）……**「10%増加と30%増加の平均はいくつ？」**

（問題2）……**「10年で2倍になる貯金の金利（年利）はいくら？」**

これらを求めるのが「相乗平均」です。

10%増加、30%増加というのは元から1.1倍1.3倍になったということなので、2年間で1.1×1.3=1.43倍になったということです。

ここで平均を20%（10%と30%を足して2で割った数字）にしてしまうと1.2×1.2=1.44倍になってしまいます。

2年程度なので1.43倍と1.44倍と微妙な差で済んでいますが、10年定期の貯金ではどうなるでしょうか。

ところで、「2倍になる」というのは何%増加のことかすぐに答えられるでしょうか？

こういった些細なことでも定義が重要ですし、仮に定義を忘れても、具体例から法則を見つけだす帰納法的思考をすれば解決できるのです。

1.1倍、1.3倍が10%増加、30%増加を指すということは、

「☆倍から1を引いて10倍すればいい」

ということを推測して、2倍は、

$$(2-1)\times 10=100$$

となり100%増加となります。

つまり問題2での「10年で2倍になる」というのは、100%増加ということです。

10年で100%増加するということなので1年平均の金利を、

$$100\%\div 10=10\%$$

で10%としたらどうなるでしょうか。

1年で10%増加するということは1.1倍になるということです。

つまり2年後には、

$$1.1 \times 1.1 = 1.21 (= 1.1^2)$$

と1.21倍となります。

つまり平均10%で上がっていくとした場合、10年後は、$1.1^{10}=2.59$ となり、10年で2.5倍にもなってしまい、2倍とは大きくかけ離れてしまいます。

いくら高度経済成長期の金利とはいえ預けるほうはいいですが、借りるほうはたまったものではありません。

そこで、「相乗平均」を用いてみましょう。

こういった場合において相乗平均が役に立つのです。

相乗平均とはn回掛けたらその積のn乗根をとります。

たとえば「a,b」という2つの相乗平均をとる場合は、2回掛けているので、aとbを掛けて2乗根をとります。

$$\sqrt{1.1 \times 1.3} = 1.1958 \cdots\cdots$$

1年の平均を19.58%増加とすれば、

$$1.1958 \times 1.1958 = 1.4299$$

と1.43（10%増加と30%増加で掛け合わせた数値）に限りなく近い、正しい値になります。

年に10％増加

$$\underbrace{1.1\times1.1\times1.1\times1.1\times\dots1.1}_{10回} \fallingdotseq 2.59$$

年に20％増加

$$\underbrace{1.2\times1.2\times1.2\times1.2\times\dots1.2}_{10回} \fallingdotseq 6.19$$

またこのときの金利（または年利。1年間の貯金に対する利子を指す）のほうはというと、1年で決まってx倍に増えることになり、10年後には元の数字の2倍になるわけですから、

$$x^{10}=2$$

つまり、

$$\sqrt[10]{2}=1.07177\cdots$$

となって、年利は約7%です。

実際に電卓を使って1.07を10回掛けてみると、

$$1.07^{10}=1.967$$

と約2倍になります。

このように普段ニュースなどで耳にする何気ない言葉も数学の定義をきちんと把握していないと正しい理解が得られないのです。

解き方を意識する
その2

倍数とは何か

2の倍数、3の倍数、5の倍数など
数字の性質を知れば世界も広がる

▶時間をかけてミスをしないためにどうするか

問題

「1242552698711234」は3で割り切れますか。

さて、あなたはこの問題を見てどうしますか

① 素直に割り算をする
② 1+2+4+2+5+5+2+6+9+8+7+1+1+2+3+4を計算して3の倍数かを調べる
③ 工夫して数秒で答えを出す

この問題に対する取り組み方は、やり方すら覚えていない人はやむをえず①、やり方だけを覚えている人は②、仕組みを理解して工夫する人が③となります。

「各位の和が3の倍数ならその数は3の倍数である」

という事実はほとんどの人は知っています。
この証明を習うのは中学2年か3年です。
しかし、高校生以上（成人も含む）でこの証明ができる割合はとてつもなく低いでしょう（私の肌感覚では5%以下）。

さらに、証明した上に仕組みを理解して上記の問題を工夫して一瞬で答えを出せる人はいったいどれだけいるでしょうか。

3で割り切れる数は「3×整数」で表せる数です。

「3×整数+1」なら3で割って余り1、「3×整数+2」なら余

り2です。

余りというのは割る数より小さくなければいけないので3で割った場合の余りは0、1、2のいずれかです。

3で割る場合は失敗することはほぼないでしょうが、大きな数で割る場合は筆算するときに商の目測を誤って余りが割る数より大きくなってしまうときがあります（たとえば、385 ÷ 15=24余り25のように）。

こんなときは始めからやり直す必要はなくて、まず25 − 15=10で余りは10とわかり、商は24+1=25にすればいいだけです。

なぜなら、385 ÷ 15というのは、たとえば385個のボールを15人で分けるようなときに行われる計算なので25個余ったら15人なのだからまだあと1つずつもらえる、つまり一人がもらえる個数（=商）は1増え、余りは15個減るからです。

$$
\begin{aligned}
385 &= 15 \times 24 + 25 \\
&= 15 \times (24+1) + 25 - 15
\end{aligned}
$$

385÷15=24余り25

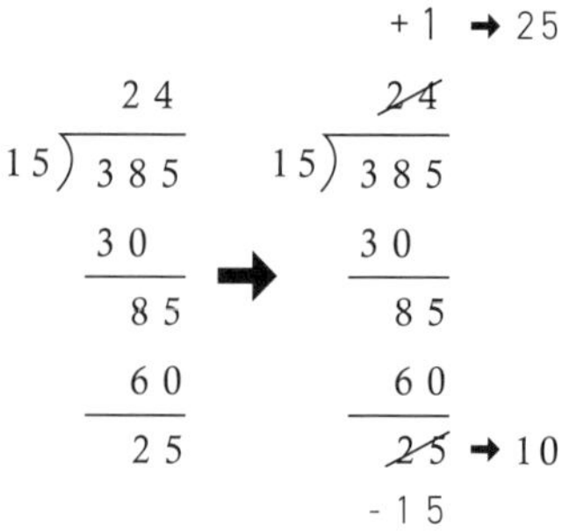

▶とんでもない数も仕組みを理解すれば一瞬！

$3n+m$と表せる数は3で割ってm余る数で、とりあえずmは3以上でも負でも構いません。

割り算の正式な余りである0、1、2にしたければ3を次々と加減していけばいいだけです。

冒頭の問題は①の方法でやった人は時間と手間はかかりますが3で割り切れなかった場合の余りがいくつなのかはわかります。

②の方法でやった人は時間と手間は①ほどかかりません。

しかし、もし3で割り切れないとわかった場合、3で割り切れる数の見分け方のやり方だけしか覚えていない場合には余りがいくつなのかはわからないので、結局は①の方法をやらざるをえなくなります。

以上を踏まえて、「3の倍数は各位の和が3の倍数である」を証明しつつ、冒頭の問題を瞬時にそして割り切れない場合の余りも出す方法を考えてみましょう。

4桁の整数$\boxed{a}\boxed{b}\boxed{c}\boxed{d}$は$1000a+100b+10c+d$と表せます。

この数を$3n+m$の形にすれば3で割った余りがmであるとわかり、mが3以上なら次々と3を減じていき、最終的に0、1、2のいずれかになり、0なら3で割り切れ1、2ならそれが余りです。

$$1000a+100b+10c+d=3(333a+33b+3c)+a+b+c+d$$

したがって$a+b+c+d$が$3n+m$のmに相当します。

だから各位の和が3の倍数ならその数は3の倍数となります。

これで「3の倍数は各位の和が3の倍数である」は証明できましたね。

そして3の倍数でないときの余りは$a+b+c+d$から0か1か2になるまで次々と3を引いていけばいいのです。

ただ4桁くらいであれば足していけばいいでしょうが、問題のような16桁くらいになってくると容易ではありません。

そこで、$a+b+c+d$が実際の数字のときはどうせ引き算をするのだから$a+b+c+d$の足し算はやらないで3または3の倍数になるような組みを次々と消していけばいいだけです。

目についた順に消していけばいいのでどんな順でも構いません。

~~12~~　~~42~~　~~552~~　~~6~~　~~9~~　~~87~~　1　~~12~~　~~3~~　4

あとは残った数字だけを足して、引き算すればいいだけですので、

$$1+4-3=2$$

となるので結局余りは2です。

工夫はどこまでやっても損はないのです。

解き方を意識する
その3

ピタゴラスの定理

「$a^2+b^2=c^2$」を使った、
いろいろな工夫

▶「ピタゴラスの定理」は簡単に証明できる

三平方の定理、通称ピタゴラスの定理は、

$$「a^2+b^2=c^2」$$

というように、とてもシンプルなので公式丸暗記派の人にとってはありがたい定理です。

証明方法は何十通りもあるそうですが、一番簡単なやつぐらいは一度でいいから自分で手を動かして（これは数学にとって最も重要な作業です）、証明してみてください。

一度やれば決して忘れないと思います（下図参照）。

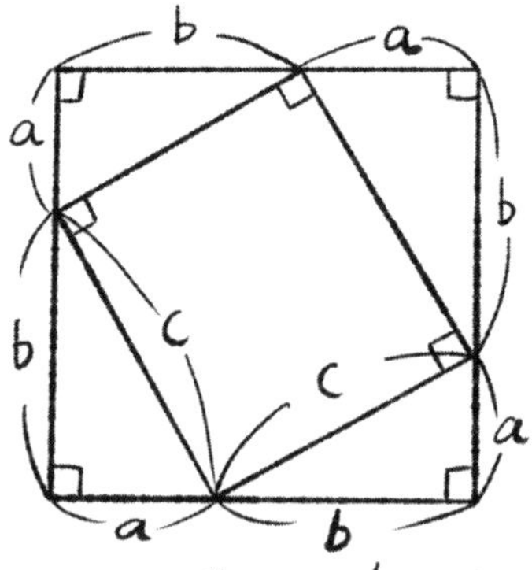

$$(a+b)^2-4\times\frac{1}{2}ab=c^2$$

$$a^2+b^2=c^2$$

三平方の定理を使って実際の辺の長さを出す場面はよくありますが、ここでも本質を捉えて工夫することができる人と、公式・定理に数字を当てはめて計算するだけの人では大きな差が出てきます。

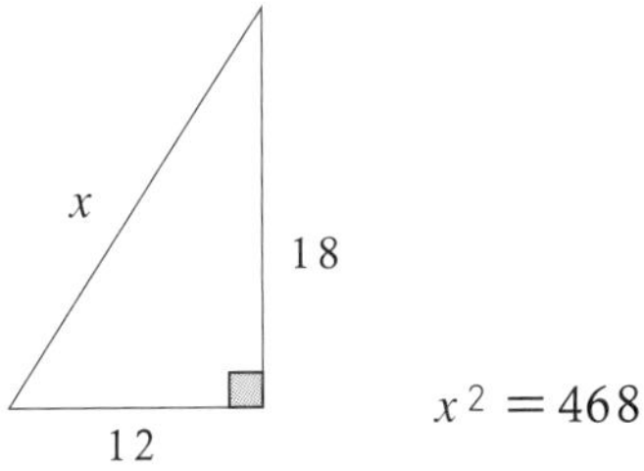

■図1

図1でxを求めるとき、定理公式当てはめ派の人は、

$$12^2+18^2 = 144+324 = 468$$

つまり、

$$x = \sqrt{468}$$

そしてルートの中身を簡単にするのにも、図2のようにチマチマ2で割っていきます。

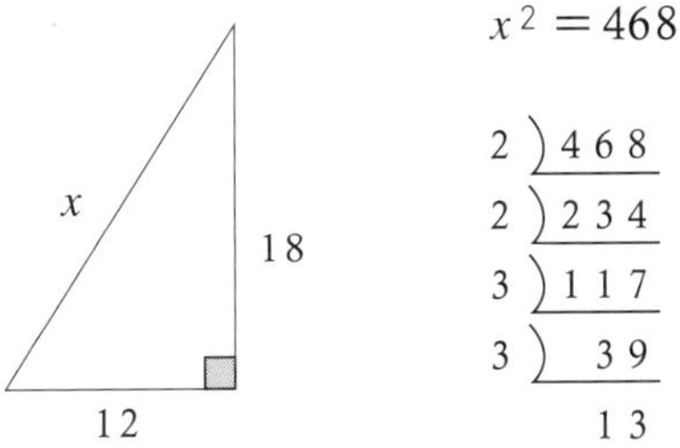

■図2

一方、本質を捉えて工夫する人はルートの中身を簡単にするのはその数字から平方数をくくり出す作業であるという本質を鑑《かんが》みて平方数である9や4で割れるかを真っ先に考えるべきであることがわかっています。

だから、各位の和が9の倍数であるか下2桁が4の倍数であるかをチェックし、この場合は両者を満たすのでいきなり36で割って終了です。

```
      13
36 ) 468
     36
     ---
     108
     108
     ---
       0
```

各位の和が9の倍数かつ、
下二桁が4の倍数なので
36で割り切れることは
あらかじめわかっている。
安心して割り算！

が、このような工夫ができる人は、相似な図形の対応する辺の比は等しいという本質をも当然捉えているのでそもそも468などという数字が出てきません。

12と18をその最大公約数6で割って図3のような直角を挟む2辺が2と3の三角形を考えて、

$$\sqrt{2^2+3^2} = 13 \quad \therefore x = 6\sqrt{13}$$

とほぼ暗算で出してしまいます。

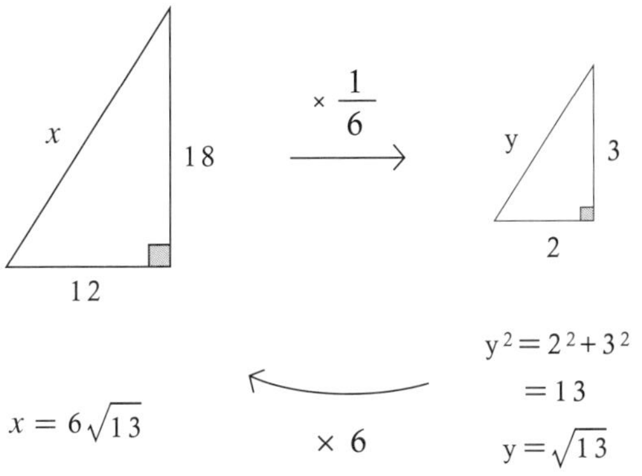

■図3

これが、公式丸暗記流れ作業の人と本質を弁《わきま》えて工夫する人の差です。

そこで図4はどうでしょうか。

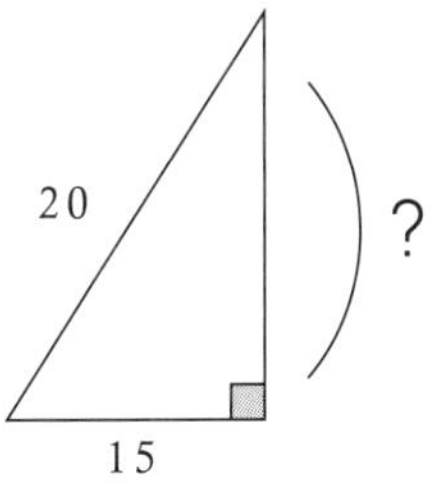

■図4

図1の問題で縮図を考えて出せばいいことを学んだので15と20の最大公約数である5で割って考えたでしょうか。

悪くはありませんがここでは、

$$\sqrt{20^2-15^2}=\sqrt{(20+15)(20-15)}=\sqrt{35\times 5}=5\sqrt{7}$$

というように因数分解の和と差の積、

$$a^2-b^2=(a+b)(a-b)$$

を利用したほうが早いのです。

このように常に工夫してラクにならないかを考えて臨機応変に適切な方法を選べる人と、どのような数字であろうと常に公式に数字を当てはめて計算する人とでは何かの作業に取り組むときに差がつくことは容易に想像できると思います。

第5章

ミスに気づけるようになる

おかしさに
敏感になる

~「単位」から
導かれる光明~

有機的な数字のつながりが大きな間違いを防ぐ

単位は世の中にたくさんあります。重さや長さを表すためだけでなく、膨大な数字を省略して、見やすくするためにも単位はとても役に立っています。その単位によって、導き出した数字が正しいのかどうかがわかったり、単位の有機的なつながりがわかったり、さまざまな理解が深まっていくことが実感できるでしょう。

▶数学的素養がミスをなくす

ケアレスミスはもちろん人間誰でも犯します。

しかし、数学の問題を解くときに犯すケアレスミスは何回も気づくチャンスを与えてくれる場合がほとんどです。

数学が得意な人はそのチャンスを逃さないのでミスを修正できますが、数学が苦手な人はせっかく与えられたチャンスを全部スルーして泥沼にはまってしまいます。

その差はどこにあるかというと、「本質を捉えているか否か」です。

本質を捉えていればミスによってできた数字に違和感があります。
しかし、本質を捉えていなければどんな数字が出てこようとそれは単なる計算結果でしかないのでミスに気づきようがありません。

「電車はA駅から80km離れたB駅まで40分かかりました。電車の速さは?」
「原価2000円の品物に20%の利益を見込んで定価をつけました。定価は?」

このような問題に、例によって「○描いてT」で「はじき」や「くもわ」を書いて計算し、「時速2km」とか「400円」などと歩くより遅い電車の速度や店がすぐにつぶれてもいい値段を平気で書きます。

数学など社会に出てから何の役にも立たないと主張する人も多数います。

しかし、この「ミスに気づける能力」というものが数学の学習によって養われるのであるならば、指示された投薬の量を1桁間違えて患者を死なせてしまう（実例あり、幸い死に至らないケースは多数）などという悲劇を防ぐというものすごく役に立つ存在なのです。

多くの国公立大学の医学部でセンター試験（2020年で廃止）を重視していたのは簡単なことをミスなく行うという能力も医師として重要だからと考えていたからだと思われます。

ちなみに、80kmに40分かかったときの速さの出し方は、本質を捉えて工夫する人は、まず頭の中に時計の文字盤が3等分された状態を思い浮かべて40分はその2つ分、それで80km進んだのだから1つ分では40km、3つ分（すなわち1時間）なら「40×3=120km/時」と瞬時に出してしまいます。

「はじき」を使っても正解が出せる人も多少はいますが（そう、多少です。「はじき」をこんな問題でも使おうとする人は単位をそろえなければならない速さの問題はほとんどできません）、こんな式をわざわざやるのでしょう。

$$80 \div \frac{40}{60} = 80 \times \frac{60}{40} = 120$$

なんでわざわざイメージしづらい分数の割り算なんかを使うのか不思議でなりません。

イメージのしづらさはそのままミスへと容易につながります。

こんな問題はいかがでしょうか。

問題

ある値段で仕入れた品物に4割の利益を見込んで定価をつけたが売れませんでした。
そこで定価の25%引きで売ったら800円の利益になりました。
仕入れ値はいくらでしょう。

この問題は中学1年生で習う方程式の文章題の基本で立式自体は難しくありません。

ただし、このような問題にも「くもわ」の図を描こうとする生徒は残念ながら式を作ることも困難でしょう。

4割=0.4倍。
では何が何の0.4倍？
利益が仕入れ値の0.4倍。

次に、

25%引き=75%払う=0.75倍払う。

では何が何の0.75倍?

支払額（店から見れば売上）が定価の0.75倍。

というように、割合はすべて「何が何の何倍」という関係を考えることが重要で、「何が何の何倍」という関係からは掛け算で考えるのが普通です。

仕入れ値をx円とすると、

利益 $= 0.4x$

定価 $= x+0.4x = 1.4x$

25%$\left(=\frac{1}{4}\right)$引き↔75%$\left(=\frac{3}{4}\right)$払えばいい

$$1.4x \times \frac{3}{4} - x = 800$$
$$\frac{14}{10}x \times \frac{3}{4} - x = 800$$
$$\frac{21}{20}x - x = 800$$
$$\frac{1}{20}x = 800$$
$$x = 16000$$

と分数でやれば桁数を間違える可能性は低くなるのですが、

$$1.4x \times 0.75 - x = 800$$
$$0.05x = 800$$
$$x = 800 \div 0.05$$

と小数でやると筆算のときに小数点の位置を1つ間違えてしまう可能性が高くなります。

もちろん小数でやることは間違っているわけではないですし、数字によっては分数よりも小数のほうがいい場合もあります。

その辺を瞬時に見分けるのも「数学脳」で、やり方だけを覚えて工夫する気持ちがない人は「いつも分数」か「いつも小数」で臨機応変に対処することができないのです。

目の前の課題を、「状況に応じて」、「最適で」、「ミスをする可能性の低い方法で」、解決する能力はありとあらゆる仕事において最も大切なことだとは思いませんか?

それで、この問題を小数でやって（もちろんミスさえしなければそれで何の問題もありません）、

$$x = 1600$$

としてしまったとします。

この品物が何か具体的な物（「ペン」、「リンゴ」など）で、1600円では常識的に高すぎたり安すぎたりするとなればミスに気づけるチャンスもありますが、ただ単に品物（「仕入れたもの」、「輸入品」など）だけなので安すぎるとか高すぎるといった違和感の余地がない。

そうなると、そのままミスに気づけず解答欄に1600円と書いてしまう人が多々います。

しかし、この問題ではミスに気づけるチャンスはあるのです、もう一度計算しなおすことなんかしなくても。

「4割の利益、それはつまり半分よりちょっと下。1600円なら半分で800円（いちいち1600×0.4などやらないことが大事）**。そうであればこの時点で既におかしい、ここからさらに割り引いて800円の利益が出るはずがない」**

といったように、検算もとりあえずは計算しやすい概算で行うのが「数学脳」です。

そして、逆にこういったおかしな値の匂いを感じ取れない人は残念ながら仕事においてもミスを連発して信頼を失ってしまうのです。

単位を大切にする
その1

1mとは
いったい何か

「どうして1mは決まったのか」。
人間の営みに密接した数学のはなし

▶1mの定義は地球が元

1mの定義を知っていますか？

現在は、

「光が真空中を2,9979,2458分の1秒間に進む距離」

と定義されています。

しかし、その定義は各国に配られたメートル原器という金属の棒を1mの基準としたのでは温度により誤差が生じてしまうので、技術の発達した現代においてできる限り誤差をなくすために後から決めたものです。

元々は違います。

大抵の場合、長さの単位は世界各地域で体の部分のサイズを元に決められていました。しかし、貿易が盛んになると世界各地域の度量衡（長さ、容量、重さ）の単位が各国バラバラでは不便です。

そこで、人類共有の財産である地球を基準に統一したのがメートル法です。

このメートル法では、

「北極点から赤道までの距離の1000万分の1を1m」

と定義しました。

そのように決めてしまったのです。

この定義を知っていれば、北極から赤道までの距離は地球の外周の4分の1なので、

地球1周の距離 ＝4000万メートル ＝4万km

とすぐにわかりますし、光は1秒間に地球を7周半するという知識があれば計算で光の秒速が、

4万km × 7.5 = 30万km

つまり秒速30万kmと出せます。

さらに月までは光の速さで約1.3秒、太陽までは約8分20秒=500秒という知識があれば、

月までの距離 ＝30万km × 1.3 ＝ 約39万km
太陽までの距離 ＝1天文単位＝30万km × 500＝1億5000万km

ということまでわかります。

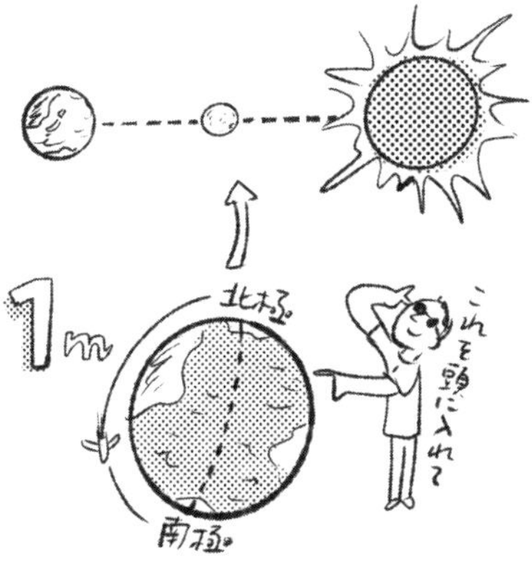

このように、1つの定義とちょっとした知識の組み合わせでいろいろなことが芋づる式にわかっていきます。

こうしていろいろなことを関連づけて考えるようにすると記憶の定着率が単なる丸暗記とは格段に違ってきます。

▶そもそもどうやって地球を測ったのか

また、1mは地球が基準と知れば人工衛星が飛ぶよりはるか前からメートル法はあるはずなのにどうやって測ったのだろうという疑問が湧いてきます。

そうなれば、「地球　大きさ　測定」とキーワードを入力して検索するでしょう。

その結果トップに表示されるのは「エラトステネス」です。

こうして知識が連鎖していきます。

しかし、どんなにインターネットが便利でも調べようとするきっかけや知識欲がなければ宝の持ち腐れです。

エラトステネスはなんと紀元前の人間です。

紀元前といえば地球が丸いことを知らない人のほうが多かったのではないでしょうか。

そんな時代に地球が球であることを知っており、その周囲の距離をかなり正確に測ったのですから驚きです。

計測法は右図をご覧ください。

どのように測定したのかを説明すると、エラトステネスの時代でも「地球が丸い」という事実は一部の人には知られていました。

エラトステネスはシエネという古代ギリシャの都市にて、太陽が自分の真上にくることを確認しました。

しかしそこから5000スタジア（1スタジア=184mくらい）離れた、アレキサンドリアという都市では真上よりもやや傾いていました（7.2度）。

その事実を元に、

5000×（360÷7.2）×184=4万6000km

と計算しました。

実際は4万kmですが、およそ2200年前の精度ですからすごいことですね。

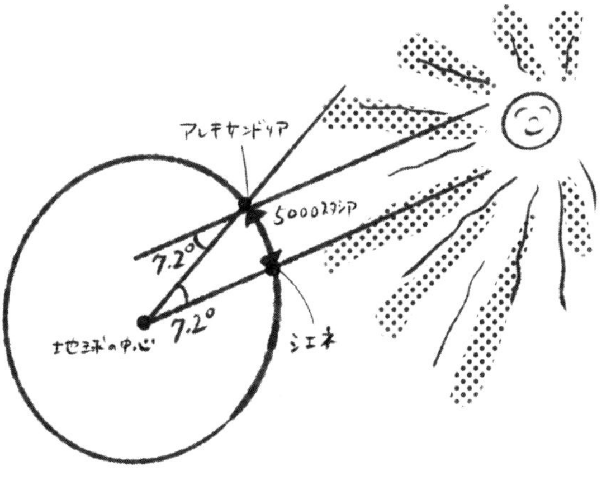

■エラトステネスの地球の測り方

単位を大切にする
その2

1m^3とは
いったい何か

1mの定義から
1m^2、1km^2、1haを考える

▶単位は見やすくするためにできている

私が初めて塾で教えたとき、担当した中学1年生の全員が「1ℓは何㎤?」という問題を間違えたことには衝撃を受けました。

ただ、1㎡が何㎠かという問いに小学生だけでなく大人も結構間違います。
これらはすべて面積や体積の定義を理解していればその場で出せるものばかりです。

面積はすべて1辺の長さが○○の正方形を、体積は1辺の長さが○○の立方体を基準に決められるということだけを頭に入れておけばいいだけです。
しかもそれらはすべて自然なものばかりで決して奇をてらって定義するわけではありません。

1辺の長さが1cmの正方形の面積を1㎠
1辺の長さが1mの正方形の面積を1㎡
1辺の長さが1kmの正方形の面積を1㎢

と極めて自然に定義します。
そうすれば160ページの図のようにそれぞれの単位の換算は容易に理解できるでしょう。

人が一目ですぐに認識できるのはせいぜい4桁程度でそれ以上になると「イチ、ジュウ、ヒャク、セン」とつい数えてしまいます。
だから数字が大きくなったときには大きな単位を用意して

桁数を減らします。
　その代表的な例が星までの距離を表すときに使う「光年」です。

　地球から一番近い恒星（太陽を除く）までの距離は約41000000000000kmですが、これでは一目で41兆kmという距離を把握するのは無理です。
　しかし4.3光年と換算すれば見やすくなります（1光年とは光が1年かけて進む距離を指します）。

　面積の単位では1m^2（小さなテーブルの広さ）と1km^2（バチカン市国の2倍以上）の差が大きすぎて途中の単位がないと見づらくなることがあります。
　たとえば80000m^2=0.08km^2と表せますが、80000m^2だと桁数が多すぎますし、0.08km^2だと小数になってしまいます。

　そこで途中の単位を作りますが、そのときもできるだけ自然に定義します。

　1辺の長さが1mの正方形と1辺の長さが1km=1000mの正方形の途中に単位を2つ作るなら、1辺の長さが1、10、100、1000とするのが自然でしょう。

　そのほうがわかりやすいことは確かです。

　そうして（かどうかは知りませんが）できたのが1*a*、1*ha*です。

　ただ、このような理解をしておけば、

$$1\mathrm{km}^2 = 1000 \times 1000 = 1000000\mathrm{m}^2$$

$$1\mathrm{h}a = 100 \times 100 = 10000\,\mathrm{m}^2$$

$$1a = 10 \times 10 = 100\,\mathrm{m}^2$$

というふうに1㎢と1㎡の間にある便利な単位として「a」「ha」というものがなんなのかが覚えやすいのではないでしょうか（haのhとはヘクトと読み、100倍という意味）。

体積も同様です。

1㎤（親指の先くらい）と1㎥（家庭用お風呂くらい）は大きさが違いすぎるので途中の単位が必要です。

1辺の長さが1cmの立方体と1辺の長さが1m（=100cm）の立方体の途中に単位を作るなら、やはり1辺の長さは10cmでしょう。

それが1ℓなのです。

したがって、

$$1\,\ell = 10 \times 10 \times 10 = 1000\,\mathrm{cm}^3$$

というのも定義の成り立ちを考えれば容易に思い出せるのです。

記憶の定着も確かなものになり、実際に思い出すときにもミスが起こりにくくなるのです。

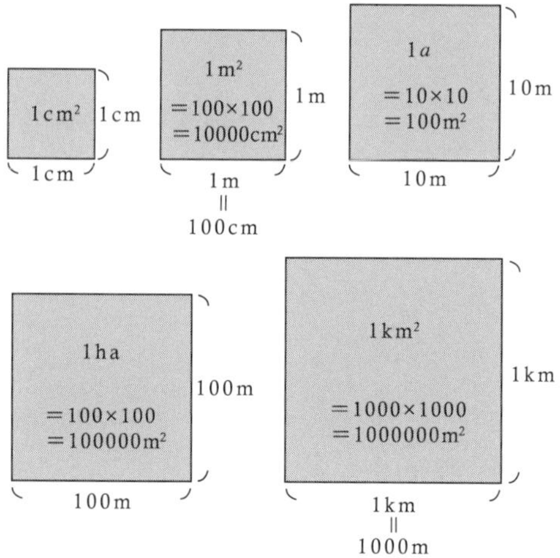

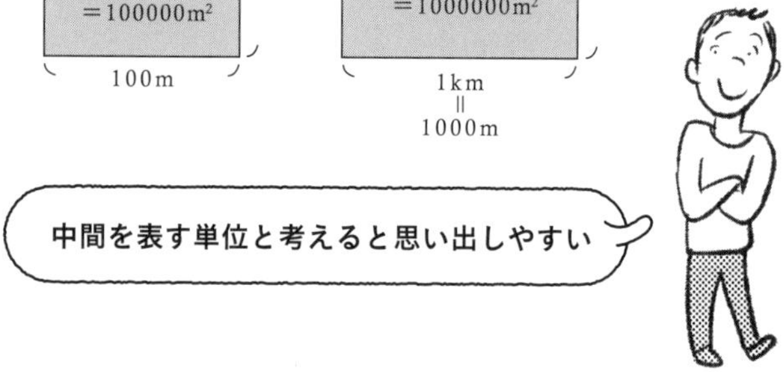

▶流域面積とは何か

下の一覧をご覧ください。

川の長さの世界と日本のベスト3とそのそれぞれの流域面積です。

世界	長さ	流域面積
1 ナイル川	6695km	287,0000 km²
2 アマゾン川	6516km	700,0000 km²
3 長江	6380km	180,8000 km²

日本世界	長さ	流域面積
1 信濃川	367km	1,1900km^2
2 利根川	322km	1,6840km^2
3 石狩川	268km	1,4330km^2

（4桁でカンマを打っていることについては164ページをご覧ください）

数学で図形の面積を出すときには、

長方形の面積＝たて×横
台形の面積＝（上底＋下底）×高さ÷2
円の面積＝半径×半径×円周率

のように必ず（長さ）×（長さ）の掛け算が1組あります。

上記の面積を求める公式からもわかる通り、台形なら両辺を2倍、円なら両辺を円周率で割れば、仮に単位がkmなら、（□km）×（□km）＝（□km^2）という式になります。

つまり、どんな図形も結局、（□km^2）÷（□km）を計算することによって何らかの長さが出るはずです。

川は数学の問題に出てくるようなきっちりとした図形ではありませんが、割り算をして出てきた数字は何らかの長さの目安にはなるでしょう。

世界	
1 ナイル川	287,0000 km^2 ÷ 6695km=428.7
2 アマゾン川	700,0000 km^2 ÷ 6516km=1074.3
3 長江	180,8000 km^2 ÷ 6380km=283.4

日本

1 信濃川	1,1900㎢÷367km=32.42
2 利根川	1,6840㎢÷322km=52.3
3 石狩川	1,4330㎢÷268km=53.4

私は初めてこの割り算をしたとき、瞬時に自分が流域面積についてとてつもない勘違いをしていたことに気づきました。

そしてその勘違いは私が特別アホだからというわけではなく、今まで川の流域面積について尋ねたほぼ全員が私と同じ勘違いをしていました。

すなわち、流域面積とは川の水が流れている部分の面積のことだと思っていたのです。

そう勘違いしてしまうのも仕方のないようなテレビ番組もありました。

アマゾン川のドキュメンタリーで海のような水面《みなも》の水平線に沈む太陽の映像を見せながら「流域面積は世界最大、向こう岸が見えません」などというナレーションを聴けばそう勘違いしてしまうのも無理はないのではないでしょうか。

陸地に降った雨はいつか川にたどり着きます。

ある河川に対して、降水が集まる（流れ込む）範囲を流域といい、その面積を流域面積といいます。

たしかに「利根川流域に広がる関東平野」などといった表

現を聞きます。

関東平野という陸地が利根川「流域」であるといっているのですから、こういった表現を注意深く聞いていれば流域面積が川の面積でないことは明白です。

やはり、なんでも言葉の定義というものをしっかり押さえておくことは重要であることを認識させられます。

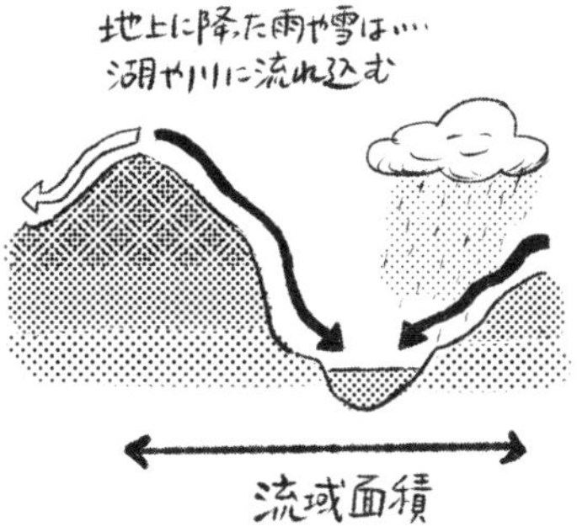

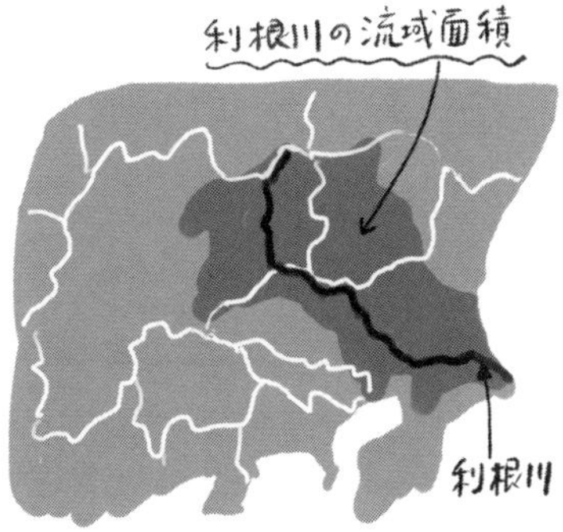

▶大きな数字のカンマはどこに打つ？

9,123,456,789,012

この数字がいくつか瞬時に読めますか。

私は読めません。

3桁ごとのカンマが邪魔で、結局下から「一、十、百、千……」と数えます。

でも、同じ数字に4桁ごとにカンマを打つとどうなるでしょう。

9,1234,5678,9012

となり、

9兆1234億5678万9012

というように読みやすくなります。

ではなぜ3桁ごとにカンマを打つのでしょうか。

答えはもちろんおわかりでしょう。

9*trillion* 123*billion* 456*million* 789*thousand* 012

数字の位取りは英語では3桁ごと、日本語では4桁ごとになっているのです。

カンマだけ英語に合わせても読みやすくなるわけがありま

せん。

こんなことでもカンマを打つ意味を考えれば銀行などに提出する書類で無理やり決まった枠に書かされるもの以外の大きな数字は堂々と4桁ごとにカンマを打てばいいのです。

私もかつて、1万円の領収書を発行するときに「¥1,0000」と書いたら「点の位置が違うよ」と言われました。
「あなたが無知なだけだよ！」と心の中で叫びながら、「申し訳ございません」と言ってました。

やり方だけを覚えるのではなく、なぜそうなるかを考える。

なぜそうなるかを考えれば仕組みがわかる。仕組みがわかれば工夫ができ、おのずとミスが減っていくのです。

第6章

大局的に見られるようになる

本質が同じなら転用できる

~数学と料理の共通項~

「大筋を見るだけでだいたいを把握できる」という境地

問題の解答を見て理解したはずなのに、いざ自分で解くとなったときに解けない。よくありますね。それは問題を全体として捉えていなかったからです。数学の勉強が、レシピを横に置いていちいち見ながら料理をするのと同じようなことになっていませんか。大まかな流れを掴んでから物事に取り組みましょう。

▶物事を俯瞰してみることの大切さ

数学がどんなに得意でも初めて習う定理・公式を見た瞬間に理解できることは少ないですし、例題や練習問題も1度目は解けないことのほうが多いでしょう。

そんなときにじっくり解説を読むのは誰でも同じです。

しかし、その後、解説を読んで、できなかった問題をできるようにしていく方法が「数学が得意になっていく人」と「苦手なままの人」で大きく違います。

得意になっていく人は解説を読んで理解する段階で「この問題の本質は何か」を考えて大局的に問題を捉えるように解説を読みます。

そして大筋を理解したら最初から最後まで解説を見ないで解き通します。
理解したつもりでも途中わからなくなり手が止まることも当然ありますが、解説を読む段階で本質を捉えて全体を俯瞰《ふかん》しているので思考を巡らせれば解決する場合が多く、とにかく途中で解説を見ないで最後まで解き切ります。
そして、つまずいたときに思考を巡らせたことが血となり肉となって数学の底力がついていき、ひいては数学脳が洗練されていくのです。

一方、いつまでも数学が苦手なままの人。
この方々には2つのタイプの人がいると思います。
タイプ1は解説を読んで理解しただけで終わりにしてしま

う人。

「読んでわかる、聞いてわかる」と「自分でできる」にはものすごいギャップがあることは楽器演奏やスポーツをやっている人なら誰でも知っていることです。
　わかったことができるようになるために繰り返し練習するのに、こと勉強だとなぜか「わかる＝できる」と勘違いしてしまいます。

　読んでわかった、聞いてわかっただけのことがしばらくたってから自力でできる可能性はほぼ0%です。

　タイプ2は解説を読んだ後、自分で解いてみるが、わからなくなったときにすぐに解説を見てしまう人。

　解説を一通り読んで理解できた後に実際に自分で解いてみる点ではタイプ1の人よりはるかにましなのですが、途中でわからなくなったときにその都度解説を見てしまってはなかなか力がつきません。

　私は料理が得意ですが、初めてのものを作るときは当然レシピを見ます。

　ただ、料理が苦手な人とはその見方が違います。

　私は作り始める前に一通りレシピを見て全体的な流れを把握して、いざ調理を開始したら一切レシピは見ません。

　一方料理が苦手な人はレシピを傍《かたわ》らに置いて手順ごとに読んで確認しながら調理をします。

これだといつまでたっても料理の本質を理解することができないのでいつまでたってもレシピが手放せないし、創意工夫もできないのです。

料理というのはどんなものでも大体の本質は同じでそれぞれの品ごとにほんのちょっとの違いがあるだけです。

なので、その品の特徴だけを初めに理解しておけば、それ以外の部分の流れは料理の本質通りに進めていけばいいだけです。

数学の問題も、料理の手順の1つ1つを本で確認しながら進めていくのと同じように、式変形ごとに解説を見ながら解き進めていってはいつまでたってもできるようにならないのです。

俯瞰して考える
その1

1年とは
何か

「うるう年」と「宇宙」と
「数学」のはなし

▶1年は地球の動きで決まる

1年とは何かと聞かれてちゃんと答えられますか？

ここでも定義が大事で定義をきちんと理解することで色々なことが見えてきます。

1年とは、

地球が太陽の周りを1周する（公転）のにかかる時間

です。
365日と6時間ぐらいで、正確には365.2422日。
つまり、365日5時間48分46.08秒です。
もちろん1日は地球が自転して1回転するのにかかる時間です。

そして、現在使われている太陽暦のグレゴリオ暦は、365.2422日と365日のズレを修正（補正）するため、西暦年数が4の倍数の年に「うるう年」としています。

うるう年は、1年を366日とし、2月が29日までになっています。

うるう年にはさまれる3年間は「平年」といい、1年はもちろん365日とします。
そのわけは、つぎのような計算をすると、はっきりします。

$$365.2422 - 365 = 0.2422(日)$$

つまり365日では地球は太陽の周りを1周できず、ちょうど1周するまでにあと約$\frac{1}{4}$日必要ということです。

4年間では、

$0.2422 \times 4 = 0.9688$（日）

なので、ある基準となる起点に戻るまでに約1日必要になってきます。

そこで、4年間に1日増やします。
しかし、それでは、

$1 - 0.9688 = 0.0312$（日）

だけ増やし過ぎてしまいます。
それが25回積み重なると、

$0.0312 \times 25 = 0.78$（日）

となりズレ（起点を通り過ぎていく）が1日に近づいてきます。

本来ならもう少し待ってズレがもっと1日に近づいてから補正したほうがいいかもしれません。
しかし$4 \times 25 = 100$年のほうがキリがいいのでこのようにします。

そうなると西暦年数が100の倍数の年は、4の倍数の年でもあるので、本来なら1年366日のうるう年ですがそれをやめて平年とします。

つまり、1700年、1800年、1900年などは平年だったのです。

数学とは関係ないクイズ

夏のオリンピックが平年に行われた唯一の大会はいつでしょうか。

※執筆時、東京2020オリンピックについては未定でした。

そうです。

答えはもちろん1900年のパリ大会です（ちなみに一番最初に開催されたオリンピックは1896年のアテネ大会です）。

うるう年	1896年	アテネ大会
平年	1900年	パリ大会
うるう年	1904年	セントルイス大会
うるう年	1908年	ロンドン大会

▶400年に1回！　うるう年のオリンピック

しかし、まだ問題が残っています。

100年に1回うるう年をやめると、0.78日通り過ぎただけなのに1日引き戻されるのです。

100年で、

$$1-0.78 = 0.22\text{日}$$

戻しすぎで、それが4回つまり400年で0.22 × 4=0.88と約1日戻しすぎになってしまいます。

ですので、400年に1度うるう年をやめるのをやめて、うるう年にするのです。つまり2000年のオリンピック・シドニー大会はうるう年だったわけです。

ややこしくなってきましたが、まとめると、

原則4年に一度4の倍数の年はうるう年
100の倍数は4の倍数であるがうるう年にはしない
400の倍数は100の倍数だがうるう年にする

ということになります。

ただ、これですべてうまくいったわけではないのは1≠0.88なのですぐにおわかりでしょう。

このズレは何年で約1日分のズレになるかというと、

$$1 \div (1 - 0.88) = 8.33\cdots\cdots$$

さて単位はなんでしょうか。

8.33年ではありません、8.33周期です。
この場合の1周期は400年です。
したがって3200年でまた1日の調整を入れなければなりません。
そのことについての規定はまだどうやらされていないようです。
ところで、若い人はご存じないかもしれませんが、2000年問題というのがありました。

これはコンピュータの日付を西暦の下2桁で入力するのが一般的であったため下2桁が00になる2000年をコンピュータが1900年と誤認識してコンピュータシステムが大混乱することが危惧された問題でした。

この2000年問題は下2桁ばかりが注目されましたが、実は2000年というのは上記のように400年に1度の珍しい年でもあったのでそれも誤作動の一因になっていたともいわれています。

ということは、次は3200年問題が起こるかもしれません。

私はとっくに死んでいるでしょうが人類がその頃まで繁栄していて3200年問題をうまく解決してくれることを祈るばかりです。

▶「360」の都合のよさ

1年とは何かが数学とより密接に関係してくるのが角度です。

前述の1年の長さが365日5時間48分46.08秒などという細かく正確な数値は当然大昔からわかっていたわけではありません。

大体どの文明でも身近な月の満ち欠けの周期約30日を1ヶ月として1年は12ヶ月で360日（太陰暦）、ズレた分をうるう月で調整というのが基本です（イスラム教では調整を行わない純粋太陰暦を使っているためイスラム暦9月のラマダーンが西洋諸国から見れば毎年時期が違うのです）。

そうです。

この太陰暦による1年360日の360が角度の1周の数字に選ばれたのでしょう。

そうすれば地球は太陽の周りを1日1度動くとわかりやすいですから。

そしてそれ以上に360が有用なのは、

$$360 = 2^3 \times 3^2 \times 5$$

なので、約数が、

$$(3+1)(2+1)(1+1)=24\text{個}$$

と多いのです。

正三角形・正方形・正五角形・正六角形の内角など図形的に特徴のある角度を整数で表すことができるのです。

ただ、ここで気づかれるかもしれませんが、1周の角度の数字が月齢を元に決められたとなると、そこには数学的な根拠はまったくないことになります（そもそも月齢も正確に30日ではない）。

それでも角度を単にとんがり具合を表す指標として用いる分には360度の度数法はなんの不都合もないばかりか、主要な角度を整数で表せるので効果は抜群です。

しかし、$\sin x$ や $\cos x$ を微分する段になると360度の度数法では結果がとても汚くなります。

なんでも理由をしっかり示さないと気が済まないたちですが、「なぜ $\sin x$ や $\cos x$ を弧度法で表して微分すればきれいになるか」を説明すると、それは私の著書『中学の知識でオイラーの公式がわかる』（光文社）の数ページをそっくりコピーすることとなるのでそちらを参照していただくかネットで調べるなどしてください。

ここでは断腸の思いで結果だけを示します。

度数法による $\sin x$, $\cos x$ の微分

$$(\sin x)' = \frac{\pi}{180}\cos x$$

$$(\cos x)' = -\frac{\pi}{180}\sin x$$

弧度法による $\sin x$, $\cos x$ の微分

$$(\sin x)' = \cos x$$

$$(\cos x)' = -\sin x$$

このような理由で度数法を用いるわけです。

数Ⅲを選択しない文系の生徒は三角関数の微分を習わないから理由も告げられずに、「今日から角度は180°＝π（ラジアン）」であると命ぜられて今まで整数で表せていたものをいちいち分数に変換された挙句に角度もイメージしにくい結果となり三角関数が大嫌いになっていくのです。

角度というものの定義を理解し、弧度法を使う理由がきちんとわかれば、三角関数を微分・積分しない限りは無理に弧度法を使わずに慣れ親しんだ度数法を用いていいこともわかるのです。

どんなに頭が完全に数学脳になっても「考え方をπ変える」とはいわないでしょう。

こんなことからも、定義を大事にすれば色々見えてくるものが増えるのがおわかりいただけるでしょう。

俯瞰して考える
その2

数学のノートは
どうやって取るのか

ノートの取り方1つでも
数学脳は体現される

▶難しい問題こそ、大切にしたい解き方

「大局的に考える」ということで、ここでは今までとは趣向を変えて、数学脳の考え方と、ノートの取り方とをリンクさせて考えてみたいと思います。

例題として挙げるのは横浜市立大（医）の漸化式の問題です。

問題

$a_1=1, a_2=1$

$a_{n+2}-5a_{n+1}+6a_n-6n=0$

数列a_nの一般項を求めよ。

この問題は国公立の医学部の入試問題なのでやさしくはありません。

初見で解けない高校生のほうが多いかと思います。

もちろん最初は解けなくても構いません。

数学の勉強法として、初見で解けない問題は解答解説を読み、その後で自分でノートに書くというのが一般的でしょう。

解説を読んだだけで「なるほどね～」で終わってしまってはまず身につきません。

必ず自分で手を動かして書くということが重要です。

しかし、手を動かして書く際にも「数学脳」を発達させる

書き方とそうでない書き方があります。

大局的に見てから書き始めると頭が「数学脳」になっていきます。

この問題に対する解説は次のような感じです。

まず、三項間漸化式の特性方程式 $x^2-5x+6=0$ を解いて $x=2,3$ を導き、

$$a_{n+2}-2a_{n+1}+f(n+1)=3\{a_{n+1}-2a_n+f(n) \quad \cdots\cdots①$$
$$a_{n+2}-3a_{n+1}+g(n+1)=2\{a_{n+1}-3a_n+g(n)\} \quad \cdots\cdots②$$

次に、$f(n)=pn+q$, $g(n)=rn+s$ として①, ②に代入して整理すると、

$$a_{n+2}-2a_{n+1}+p(n+1)+q=3\{a_{n+1}-2a_n+pn+q\}$$
$$\Leftrightarrow a_{n+2}-5a_{n+1}+6a_n-2pn+p-2q=0 \quad \cdots\cdots③$$

③と与式を比較して、

$$-2p=-6 \quad ,p-2q=0$$
$$\therefore p=3\ ,\ q=\frac{3}{2}$$

$$a_{n+2}-3a_{n+1}+r(n-1)+s=2\{a_{n+1}-3a_n+rn+s\}$$
$$a_{n+2}-5a_{n+1}+6a_n-rn+r-s=0 \qquad \cdots\cdots④$$

④と与式を比較して、

$$r=6\ ,\ r-s=0\ \ \therefore r=6\ ,\ s=6$$

$$a_{n+2}-2a_{n+1}+3(n+1)+\frac{3}{2}=3\{a_{n+1}-2a_n+3n+\frac{3}{2}\}$$
$$a_{n+2}-3a_{n+1}+6(n+1)+6=2\{a_{n+1}-3a_n+6n+6\}$$

$$a_{n+1}-2a_n+3n+\frac{3}{2}=\frac{7}{2}\cdot 3^{n-1}$$
$$a_{n+1}-3a_n+6n+6=10\cdot 2^{n-1}$$
$$\therefore a_n-3n-\frac{9}{2}=\frac{7}{2}\cdot 3^{n-1}-10\cdot 2^{n-1}$$
$$a_n=\frac{7}{2}\cdot 3^{n-1}-10\cdot 2^{n-1}+3n+\frac{9}{2}$$

この解答を見ながら自分でノートに解答を書いていくわけですが、意味もわからずただひたすら書き写してももちろん意味はありません。

ノートに字を書くことが勉強だと思っている人は現実にいます。
時間の無駄です。

それよりはいくらかマシではあるのですが、1つ1つ考えながら書き写したものの、よくわからない部分は「暗記事項」と割り切って解法パターンを身につけることに専念してしまうタイプ。

たとえば最初の「三項間漸化式の特性方程式を解いて」の部分で、「なぜこの二次方程式を解くのだろうか」という疑問が頭をかすめながらも「三項間漸化式の特性方程式は二次方程式と暗記する!」と自分に言い聞かせて次の行にいってしまいます。

そして、

$$a_{n+2}-2a_{n+1}+f(n+1)=3\{a_{n+1}-2a_n+f(n)\}$$

のように、「左辺に $f(n+1)$、右辺に $f(n)$ を置く」といった具合に暗記事項としてしまうのです。

このタイプは学校の定期試験ならなんとか乗り切れるかもしれませんが、頭を「数学脳」に切り替えることはできないでしょう。

▶難しい問題こそ、大切にしたい解き方

では、この問題を大局的に見て理解してから書き始めるとどうなるでしょうか。

まずは、漸化式が解けるというのはどういうことかを考えます。

漸化式の漸は「ようやく」と読み、「しだいしだいに」という意味です。

第n項の値が決まれば次の第(n+1)項の値も決まり、第

(n+1) 項が決まれば次の第 (n+2) 項も決まるというように「漸次」(しだいしだいに) 決まっていくから「漸化式」といいます。

したがって、初項を決めて第n項と第 (n+1) 項の関係式を決めれば漸化式はいくらでも簡単に作ることができます。

たとえば、

$$a_1 = 1 \quad a_{n+1} = (2a_n + n)^2 + \sqrt{n}$$

という漸化式はどうでしょうか。

「a_{n+1}」、「a_n」、「数字」、「n」を本当に適当に並べただけで、項の値も、

$$a_2 = (2+1)^2 + \sqrt{1} = 10$$
$$a_3 = (20+2)^2 + \sqrt{2} = 484 + \sqrt{2}$$

のように、次々と決まっていきます。

「一般項 a_n をnの式で表せ」。

これを漸化式を解くと言います。

しかし「一般項 a_n をnの式で表せ」と言われたらおそらくできないと思います (少なくとも私には絶対できません)。

漸化式から一般項がnの式で表せるのは、等差数列、等比数列、階差数列といった解ける形になっている漸化式だから解けるのであって、与えられた漸化式はそういった解けるタイプになっているはずです。

つまり、等差数列や等比数列の理想系に変形できないかと考えるのです。
この問題の場合は等比型であることはすぐにわかるので、最終的には　$a_{n+1}=Pa_n$ という形にしたいと考えます。

つまり最終形が何かをまずは頭に入れるということです。

この問題は三項間漸化式なので、

$$a_{n+2}-\alpha a_{n+1}=\beta(a_{n+1}-\alpha a_n)$$

という形になれば、

$$b_n=a_{n+1}-\alpha a_n$$

として、

$$b_{n+1}=\beta b_n$$

という理想的な等比数列の基本形になりますね。
しかし、この問題の漸化式にはnの1次式も入っているので、$f(n)$ をnの1次式として、

$$a_{n+2}-\alpha a_{n+1}+f(n+1)=\beta\{a_{n+1}-\alpha a_n+f(n)\}$$

という形にすれば解けるようになります。

この式を整理して左辺に寄せたものと問題の与式を見比べてみると、

$$\alpha + \beta = 5,\ \alpha\beta = 6$$

ということがわかります。

つまり α と β とは $x^2-5x+6=0$ という2次方程式の解ということがわかります。

「特性方程式はそういう意味だったのか」と特性方程式の意味をも理解することができるのです。

ここまでくれば、あとは一気に本を見ないで計算を進めていくだけです。

このように大局的に見て意味を理解すれば数学脳は磨かれますし、書き始めてからは一切解説を見ないでノートに書けば解き方の定着率も格段に上がるのです。

第 7 章

帰納法的思考を養う

帰納法という思考法

~具体的事象を一般化せよ~

考えやすい範囲で法則を見つけ出す

帰納法・演繹法というと難しく聞こえますが、要するに具体的出来事から一般的な法則を見つけるのが帰納法、確立された一般的法則に具体的な物事を当てはめて解決するのが演繹法です。実生活ではマニュアル通りにやれば済むことはマニュアル通りにやればいい(演繹法)。マニュアルにない問題を解決するときに威力を発揮するのが帰納法的思考です。

▶法則を推測する力

帰納法の対義語は演繹《えんえき》法です。

しかしここでややこしいのは「数学的帰納法」は実は演繹法であり、帰納法ではありません（数学的帰納法は$n=1,2,3$あたりで結論を推測する部分が「帰納法」的だから数学的帰納法と呼ばれますが、証明していく手順は演繹法です）。

私がここでいう「帰納法的思考をしない」とは、本来の意味での帰納法のことです。

帰納法とは個別の具体的な事実の積み重ねから普遍的法則を推測する方法です。

一方、演繹法は一般的な理論や普遍的な概念の定義からの必然的な論理展開によって結論を導き出す推論方法のことです。

難しそうなことをいっていますが、数学の問題を公式や定理を用いて解くものはすべて演繹法です。

数学の公式というのは一般的な理論や普遍的な概念を数式化したもので、そこに具体的な数値を入れれば常に正しい結果が得られます。

数学が苦手な人が最も得意とする数学の解法です。

数学の問題がすべて公式に数字を入れて計算すれば答えが出るのであればそれでいいのですが、そういうわけにはいきません。

次のような問題はどうでしょうか。

問題

xメートルの丸太を1本の長さをnメートル（nはxの約数）に切り分ける。
1回切るのにa分かかり、1回切るごとにb秒休む。
切り始めてから切り終わるまで何分かかるでしょうか。

こういった問題はパターン化できるといえばできます。

そしてパターン化してその解法を暗記すれば演繹法的に解くことはできなくもありません。
しかし、ありとあらゆる問題をパターン化して暗記するというのは不可能でしょう。

「あ、速さの問題だから『はじき』が使える!」と何も考えずにそのまま公式に当てはめてabと答えるように、この問題を数学が苦手な人は文字のまま習った公式に当てはめようとします。

ただこの問題では使うべき公式も思い浮かばないので途方に暮れてしまいます。

どんなに数学が得意な人でも抽象的に物事を考えるよりは具体的に考えるほうがラクなはずです。
具体的な事例で考えたことを一般化・抽象化していくとい

うプロセス、それがまさに帰納法的思考です。

▶具体⇒抽象と考える

xメートルをnメートルに切り分ける。

これくらいなら具体的数字を思い浮かべる必要はないかもしれませんが、10mを2mに切り分けるくらいを考えればより考えやすいでしょう。

そして、このように具体的に考えておけば次の段階で役に立ちます。

5本に切り分けるには切る回数は4回でいいということがわかります。

それなら切る回数は、

$$\left(\frac{x}{n}-1\right)\text{回}$$

ですね。

そして切るのにかかる時間は1回切るのにかかる時間をかければいいので、

$$a \times (\frac{x}{n} - 1)\text{分}$$

となります。
休憩は切る回数が4回なら3回となるので、切る回数より1回少ないということです。

そしてここではb秒と単位が分ではないので換算が必要です。

たとえば120秒は2分、秒を分にするには60で割ればいいから、

$$b \div 60 = \frac{b}{60}\text{分}$$

の休憩時間です。

休憩の回数は切る回数より1回少ないので、

$$(\frac{x}{n} - 2)\text{回}$$

となります。
元の問題を自分で好きな数字を入れた問題にすれば次のようになります。

10メートルの丸太を2メートルに切り分ける。1回切るのに5分かかり、1回切るごとに40秒休む。切り始めてから切り終わるまで何分かかるか。

$$10 \div 2 = \frac{10}{2} = 5\text{本}$$
$$5 - 1 = 4\text{回切り}$$
$$4 - 1 = 3\text{回休憩}$$
$$5 \times 4 = 20\text{分}$$
$$40 \div 60 = \frac{40}{60}$$
$$5 \times 4 + \frac{40}{60} \times 3 = 22$$

といった具体的なことを考えながら文字に置き換えて式を作れば、

$$\left(\frac{x}{n} - 1\right) \times a + \left(\frac{x}{n} - 2\right) \times \frac{b}{60}$$

という式も難なくできるはずです。

しかし、現実はこの問題を中学生にやらせたら壊滅的な出来になるでしょう。

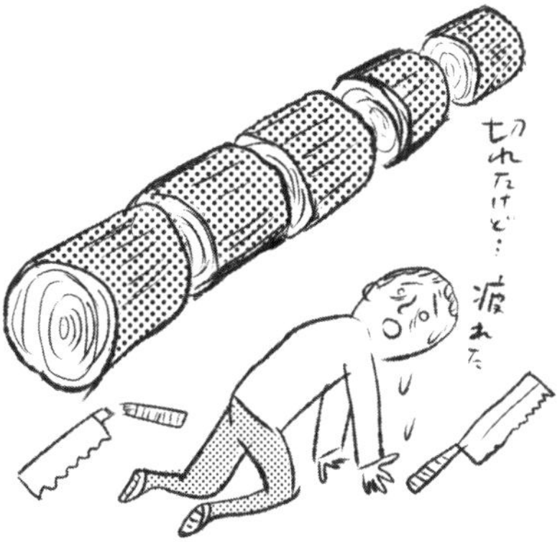

具体から抽象という帰納法的思考ができないのと、やり方を単に丸暗記してそこに数字を当てはめることしかできないので、覚えたやり方からほんのちょっとでも踏み込んだ問題にはまったく対応できなくなってしまいます。

具体⇒抽象を
意識する

「会社の増収」を数学的帰納法で考える

自分で数字を設定し、
法則を見出す

▶会社の利益を具体的に考える

問題

鉄道会社で、ある路線の乗車賃の値上げを企画している。
乗車賃をa%値上げすれば、乗客数は$\frac{1}{2}a$%減少するという試算がある。
8%の増収を得るためには乗車賃を何%値上げすればよいでしょうか。

こちらは早稲田高等学院の入試問題です。

この問題では元の乗車賃、そのときの乗客者数が与えられていません。

割合の問題だから「くもわ」で解こうという人はこの時点で思考停止状態に陥り、手も足も出ません。

数学的センスのある人は「この問題においては元の乗車賃や乗客者数はいくつであっても関係ない」ということが最初

から感覚的にわかるので、最初からaだけの方程式をスラスラ作ってしまうでしょう。

しかし、一般的には具体的な乗車賃や人数が与えられていたほうが状況を把握しやすいので、まずは適当な乗車賃・人数でa%も10%に設定して調べてみます（あくまで自学自習における方法論で、実際の入学試験までには数学的センスのある人の方法を身につけて臨むべきです）。

乗車賃100円、乗客数100人、乗車賃10%値上げ、乗客数5%減

元の売り上げ=100×100=10000円
10%値上げ→乗車賃=100×1.1=110円
5%減→乗客数=100×0.95=95人
値上げ後の売り上げ=110×95=10450円
売り上げは$\frac{10450}{10000}$=1.045倍=4.5%の増収

乗車賃200円、乗客数1000人、乗車賃10%値上げ、乗客数5%減

元の売り上げ=200×1000=200000円
10%値上げ→乗車賃=200×1.1=220円
5%減→乗客数=1000×0.95=950人
値上げ後の売り上げ=220×950=209000円
売り上げは$\frac{209000}{200000}$=1.045倍=4.5%の増収

この時点で乗車賃・乗客者数は関係ないことに気づきます。

それを文字で一般化（「具体→抽象」で証明してみます。

乗車賃t円、乗客数s人、乗車賃10%値上げ、乗客数5%減

元の売り上げ→t × s=st円
10%値上げ→乗車賃=t × 1.1=1.1t円
5%減→乗客数=s × 0.95=0.95s人
値上げ後の売り上げ=1.1t × 0.95s=1.045st円
売り上げは$\frac{1.045st}{st}$=1.045倍=4.5%の増収

stが消えますね。

そして、次はa%の場合で方程式を作る。

その際も「具体」→「抽象」という作業が重要です。

$$10\%\text{値上げ} = t \times 1.1 = 1.1t\text{円}$$
$$1.1 = 1+\frac{10}{100}$$

$$a\%\text{値上げ} = t \times \left(1+\frac{a}{100}\right)\text{円}$$

$$5\%\text{減} = \frac{10}{2}\%\text{減} = s \times 0.95 = 0.95s\text{人}$$

$$0.95 = 1-\frac{10 \times \frac{1}{2}}{100}$$

$$\frac{a}{2}\%\text{減} = s \times \left(1-\frac{a \times \frac{1}{2}}{100}\right) = s \times \left(1-\frac{a}{200}\right)\text{人}$$

（分母と分子に2をかけた）

$$t \times \left(1+\frac{a}{100}\right) \times s \times \left(1-\frac{a}{200}\right) = \frac{108}{100}st$$

両辺はstで割れて、

$$\left(1+\frac{a}{100}\right)\left(1-\frac{a}{200}\right)=\frac{108}{100}$$

という方程式ができます。

実はこの問題には、「a=10の場合、何%の増収となるか」という設問（1）がついていました。

具体的な数字で増収とは何かを考えさせているのです。

「具体→抽象という思考をすれば解きやすいですよ」という出題者の優しさでありメッセージなのではないでしょうか。

で、このできあがった方程式、解くのにも一工夫すれば煩雑な計算が避けられます。

まさかいきなりカッコを外すために展開などしませんよね?

とりあえず両辺に何をかけますか?

そうです。

100×(-200)をかけるのが最適ではないでしょうか。

$$100\times(-200)\left(1+\frac{a}{100}\right)\left(1-\frac{a}{200}\right)=\frac{108}{\cancel{100}}\times\cancel{100}\times(-200)$$

$$(a + 100)(a - 200) = 108 \times (-200)$$

$$a^2 - 100a - 100 \times 200 + 200 \times 108 = 0$$

$$a^2 - 100a + 200(108 - 100) = 0$$

$$a^2 - 100a + 1600 = 0$$

$$(a - 20)(a - 80) = 0$$

$$a = 20、80$$

つまり20%か80%の賃上げで目的を達成できるということです。

この問題では50%以下でという指定があったので、答えは20%となります。

数学コラム
その2

堂々巡りの思考実験
モンティーホール問題

アメリカの人気番組のゲームから端を発した、世界のあらゆる人を困惑させたこの問題。直感的には正しいと思えるような解答と、論理的に考えると間違っている解答となる、この「モンティーホール問題」。
ではこのパラドックスをひも解いてみましょう。

▶「直感的」な答えが間違っている？

モンティーホール問題というものがあります。

モンティーホールという司会者のアメリカのクイズショーに由来するもので、ゲームの概略は次のようになります。

概略

3つの箱があり、そのうちの1つには豪華商品が入っていて、残り2つはハズレです。
参加者は1つの箱を選択できて、まずは1つ選びます。
司会のモンティーホールはどの箱に当たりが入っているかをあらかじめ知っています。
参加者が選ばなかった2つの箱のうち少なくとも1つはハズレなので（参加者が当たりを選んでいれば2つともハズレ、参加者がハズレを選んでいれば1つが当たりで1つがハズレ）、司会者はそのハズレの箱を開けて見せて「この箱を選ばなくてよかったですねー」と言い、ここで参加者に最初に選んだ箱を変えるチャンスを与えます。
あなたならどうしますか？

これがこのゲームの流れです。

参加者は箱を変えるべきか、そのままにすべきか、どちらが確率的に有利なのかを考えるのがモンティーホール問題です。

私は、数学が嫌いな人に「数学ってなんの役に立つのですか」と聞かれたときには「なんの役にも立たないよ」と答えてきました。

あれこれ説明してもわかってもらえないことが多いから面倒でそう答えてきただけであって、本心では「とてつもなく役に立つ」と思っています。

本文で散々述べてきたように数学を学ぶ意義は「論理的」に物事を考える力を養うことです。

「論理的」の対義語は「情緒的」「感情的」「直感的」などです。

すなわち、数学が嫌いな人は概して「論理的」な説明をしても「情緒的」「感情的」「直感的」な反論をしてくることが多いので議論にならないことがよくあります。

このモンティーホール問題と似た問題で、

3枚のコインがあり、1枚は両面金色、1枚は両面銀色、そしてもう1枚は片面金色で片面銀色、3枚から1枚を見ないで取り出して机の上に置いたら金色の面が見えたとき、そのコインの裏は金か銀かどちらの確率が高いか。

というものがあります。

私はこの問題についてとあるSNSで議論になっていたときに「金か銀のどちらかなのだから2分の1に決まっている」と言い張る人にどんなに「論理的」に説明しても「感情的」「情緒的」「直感的」にもはや2分の1と決めつけている人には金である確率が銀である確率より大きいことはわかってもらえませんでした。

「論理的」に物事を考えず「感情的」「情緒的」「直感的」にしか思考しないと、このコインの問題は単なる机上の空論ですが、モンティーホールの番組に出演していたなら豪華商品を手にする確率を減らして大損することになってしまいます。

モンティーホールの番組に出演するなどということはほぼありえないことですが、実は日常的に確率を考慮して論理的思考をすれば損を回避できる場面は多々あります（210ページ参照）。

では、モンティーホール問題、金銀コイン問題を、論理的に数式で説明しても納得してもらえないなら「直感的」に分かる方法で説明します。

3つのうち1つが当たりであるクジを1つ引くときに当たりを引く確率が3分の1であることは「直感的」にわかってくれるでしょう。

モンティーホール問題であれこれ悩むのは、1つの箱を選んだ後に司会者にあれこれ言われて冷静な判断力を失ってしまうことや、最初に自分が決めた判断を変えるのは心理的に躊躇しがち（初志貫徹などという言葉もあるので）になるからだと思います。

そして、2つに1つが当たりなのだから（これは正しい）、確率は2分の1（これは間違い）と思い込んでしまうからでしょう。

モンティホール問題の参加者がやることは2つだけです。

1つ目はまず3つの箱から1つを選ぶ（1つ目の「3つから1つ選ぶ」のは何の対策もやりようがありません）。

2つ目は司会者が1つのハズレの箱を開けた後に箱を変えるか変えないかを決めることだけです。

2つ目の箱を変えるか変えないかを事前に決めておくのと1つのハズレの箱が開かれた後に決めるのに違いはあると思いますか?

参加者が1つの箱を選び、当たりの箱を知っている司会者が1つのハズレの箱を開ける。

このことは始まる前からわかっていることです。

司会者がハズレの箱を開けたことによってゲーム開始前と比較して新たに知り得た情報は何一つありません（司会者がハズレの箱を1つ開けることはあらかじめわかっています）。

したがって、選んだ箱を変えるか変えないかを事前に決めておいても1つの箱が開かれた後に決めても違いはありません。

つまり、この問題を単純に考えるには、

参加者はあらかじめショーに出演する前に最初に選んだ箱を「絶対に変えない」か「絶対に変える」を決めておけばいい

ということです。

「絶対に変えない」とした場合、当たりを引く確率は3分の1なのは「直感」通りです。

「絶対に変える」とした場合、最初に当たりを選ばない限り商品をゲットできます。
つまり、「絶対に変える」と決めておけば3分の2の確率で商品を手に入れられることがおわかりいただけたでしょうか。
だから変えるときのほうが変えないときより2倍も確率が高いのです。

コインも同じです。

あらかじめ「見えているのと同じ色を言う」か「見えているのと違う色を言う」としておいたらどうでしょうか。

両面同じ色のコインは3枚中2枚なので選ばれる確率は3分の2、裏が違う色のコインは3枚中1枚なので確率は3分の1です。

金が見えたら金、銀が見えたら銀と言っておけば平均して3回中2回は当たることになります。

▶確率計算で損を回避する

保険会社というものは顧客から掛け金を集め、何か損害が生じた人にその掛け金から損害を補償するお金を払う仕組みで成り立っています。

ですから当然企業として利益を上げて従業員に給与を払うためには支払う見込みの補償金を大きく上回る掛け金を集めなければなりません。

これは決して悪いことではなく、個人の財力では到底回復できないような損害を金銭的に補償するためにはなくてはならない企業ですが、だからといって、保険に加入する個々人としては何でもかんでも加入すればいいというものではありません。

たとえば、自動車を運転する際に加入する「対人対物無制限の任意保険」は顧客側からは期待値（数学用語で決して事故を期待しているわけではありません）を計算するとかなり損になっています。

億のお金を右から左へとすぐに用意できる個人は滅多にいないでしょうから、不幸にも事故を起こして他人を死傷させてしまったときに被害者や被害者遺族を泣き寝入りさせないためにも自動車の任意保険には絶対に加入すべきです。

しかし、いざとなれば諦めてもいいような物に対する保険は期待値を計算してみれば入る必要がないことに気づきます。

保険

> とある自転車屋大手の盗難補償は5万円の新車に対する盗難保険の加入料が5000円。
> 補償の内容は購入後3年以内に盗まれた場合に同等の新車を40%の負担（60%が補償される）で購入できる。

たとえば上記のような内容の保険です。

つまり、5000円の保険料でいざというときに補償される金額が3万円で、原状回復するのには自分で2万円負担しなければならない規定です。

この盗難保険、3年以内に自転車が盗まれる確率がいくつ以上なら入るべきでしょうか。

> A　保険に入らず盗まれて新車を買う
> B　保険に入らず盗まれない
> C　保険に入って盗まれて新車を買う
> D　保険に入って盗まれない

自転車を普段利用することにどれだけの価値がその人にあるかによって違うので自転車の価値は単純に値段では決められませんが、単に5万円のお金と価値が等価であるとみなして議論をします。

それぞれの場合で損金を計算してみましょう。

A　5万円の損

B　0円

※5万円払って5万円の価値がある物が手元に存在するので差し引き0

C　2万5000円の損

※1台目を失って5万円を損。2台目の5万円の価値のある自転車を保険料+購入費用（2万5000円）の負担で手に入れたので差し引き2万5000円の損

D　5000円の損

※結果論とはいえ何も得ていない（安心感という価値はここでは考慮しない）ので保険料の5000円の損

現在の日本できちんと施錠した自転車が盗まれる確率はどれくらいでしょうか。

私がロンドンに住んでいたときは南京錠を工具で破壊されて物置のロードバイクを2台盗まれ、スロベニアに住んでいたときは太いチェーンロックをしていたママチャリが盗まれ、日本ではロンドンから持ち帰ったロードバイクを学生寮で息子の管理の甘さから（鍵はかけていたが固定物とつなげてロック

していなかった）盗まれ……と、自転車盗難の被害に誰よりも遭ってはいます。

はたして、日本で通常の管理（必ず施錠、できれば固定物とのロック）のもとで3年以内に自転車が盗難に遭う確率がどれくらいかはわかりませんが、その数字がどの程度ならこの保険に加入する価値があるのか計算してみましょう。

保険というものは損失を補填するもので保険に入っていたおかげで利益が出るということはありません。

したがって保険で得られる期待値の最大値は0です。

なので、以下の計算は損失の期待値、すなわち、すべてマイナスなので、マイナスを省略して値が小さければ小さいほどいいものとして計算していきます。

日本で3年以内に自転車が盗まれる確率をa％とします。

A　保険に入らず盗まれて新車を買う

$$\rightarrow 50000\text{円} \times \frac{a}{100} = 500a$$

B　保険に入らず盗まれない

$$\rightarrow 0 \times \left(1-\frac{a}{100}\right) = 0$$

保険に入らなかった場合の期待値=500a+0=500a

C　保険に入って盗まれて新車を買う

$$\rightarrow 25000\text{円} \times \frac{a}{100} = 250a$$

D　保険に入って盗まれない

$$\rightarrow 5000 \times \left(1 - \frac{a}{100}\right) = 5000 - 50a$$

保険に入った場合の期待値 $=250a+5000-50a=200a+5000$

そこで、保険に入った場合と入らなかった場合の期待値が同じになるのが、

$$500a = 200a + 5000$$

であるので、

$$a = 16.7\%$$

したがって、日本で3年以内に自転車が盗まれる確率が16.7%以上であると思われる方は保険に入ればいいのです。

私は日本で気をつけて管理しているにもかかわらず自転車が盗まれる確率が16.7%もあるとは思えないので、この保険には入らないでしょう。

▶数学脳はギャンブルをこうやって見る

そろそろ当たると考えるのはギャンブラーの誤謬《ごびゅう》です。

双六《すごろく》をやっていてサイコロの目が5回連続して6が出ないと、「そろそろ6が出る頃だ」と思ってしまう人は多いのではないでしょうか。

もちろんそれまでにどんな目が出ていようと（たとえ5回連続で6が出ていたとしても）次に6が出る確率は$\frac{1}{6}$です。

それぐらいのことは誰でも頭ではわかっていても、つい、当たる確率が$\frac{1}{10}$なら10回以内で、$\frac{1}{100}$なら100回以内には当たると思ってしまうのが人間の悲しい性ですね。

そのために、パチンコなどのギャンブルで、「これだけハズれ続けたのだからそろそろ大当たりが来るだろう」と「今度こそ、今度こそ」と損失を拡大してしまう人が後を絶たないのでしょう。

では、当たる確率が常に$\frac{1}{n}$のくじをn回以内に少なくとも1回は当てる確率はどれくらいでしょうか。

たとえば、コインを投げて表が出たら当たりだとします。
このときの当たる確率は$\frac{1}{2}$です。

では2回以内に少なくとも1回は表が出る確率はどれくらいでしょうか。

これは言い換えれば「2回続けて裏が出なければいい」ということなので、2回連続で裏が出る確率、

$$\frac{1}{2}\times\frac{1}{2}=\frac{1}{4}$$

を1から引けばいいので、

$$1-\frac{1}{2}\times\frac{1}{2}=\frac{3}{4}=75\%$$

です。

これが、当たる確率$\frac{1}{10}$のくじを10回引いて少なくとも1回当たる確率になるとどうでしょうか。

1回の外れる確率が$\frac{9}{10}$、それが連続10回起きてしまうのが「1度も当たらない」ということです。

10回全部外すとなるとそれが起きなければいいので、

$$1-(\frac{9}{10})^{10} = 0.651321 \fallingdotseq 65\%$$

です。
つまり、約35%の確率で、当たる確率10%のくじを10回すべて外して大損してしまうのです。

もちろん逆に運良く2回3回と当たることもあります。

つまり、当たる確率が$\frac{1}{10}$で、当たったときの配当が掛け金の10倍であるならば、このくじの期待値は±0となるわけです。

このくじを何千何万回と引けば、損益は0に収束し損も得もありません。
しかし、この世に当たる確率が$\frac{1}{n}$で配当がn倍のギャンブルは存在しません。

すべて胴元（競馬なら農林水産省管轄の日本中央競馬会、宝くじなら総務省、どちらもお国様）が「必ず」儲かるようにできています。

「超万馬券！　100円が200万円に！」とか「年末ジャンボ10億円！」などと、射幸心《しゃこうしん》を煽り、それほど大したことでもない計算なのに、数学的・論理的な思考をしない大多数の人から「安定的」にお金を巻き上げているのです。

宝くじが「愚者が払う税金」と言われる所以です。

宝くじは当選金の莫大さ、競馬は多種多様な馬券の種類や時々出る超万馬券の数字が大きすぎて感覚が麻痺してしまっているから騙されるので、もう少しイメージが湧きやすい身近な数字、サイコロの出る目を言い当てたら賞金が出るゲームにたとえてみましょう。

1回の参加料は1000円です。

そして、ずばり出る目の予想が当たった場合の賞金は現実の還元率で計算して競馬で4500円、宝くじは2600円とします。

サイコロの当たる確率は$\frac{1}{6}$なのですから、平均して6回に1回しか当たらないので6000円の賞金でトントンということになります。

それなのに競馬と宝くじは、当たってもそれぞれ4500円、2600円しか賞金が出ないのです。

次に、このゲームを6回行った場合、それぞれ何回当たるかの確率を考えてみましょう。

全部外れた場合。参加費の6000円の損

$$\rightarrow \left(\frac{5}{6}\right)^{6} = 33.5\%$$

1回だけ当たった場合。競馬1500円の損、宝くじ3400円の損

$$\rightarrow \frac{1}{6} \times \left(\frac{5}{6}\right)^{5} \times {}_6C_1 = 40.2\%$$

2回当たった場合。競馬3000円の利益、宝くじ800円の損

$$\rightarrow \left(\frac{1}{6}\right)^{2} \times \left(\frac{5}{6}\right)^{4} \times {}_6C_2 = 20.1\%$$

3回当たった場合。競馬7500円の利益、宝くじ1800円の利益

$$\rightarrow \left(\frac{1}{6}\right)^{3} \times \left(\frac{5}{6}\right)^{3} \times {}_6C_3 = 5.4\%$$

4回当たった場合。競馬12000円の利益、宝くじ4400円の利益

$$\rightarrow \left(\frac{1}{6}\right)^{4} \times \left(\frac{5}{6}\right)^{2} \times {}_6C_4 = 0.8\%$$

5回当たった場合。競馬16500円の利益、宝くじ7000円の利益

$$\rightarrow \left(\frac{1}{6}\right)^{5} \times \left(\frac{5}{6}\right) \times {}_6C_5 = 0.06\%$$

6回当たった場合。競馬21000円の利益、宝くじ9600円の利益

$$\rightarrow \left(\frac{1}{6}\right)^{6} = 0.002\%$$

競馬は74%、宝くじに至っては94%の確率で損をするゲームです。

それを継続的に行ったならば、結果は火を見るよりも明らかでしょう。

ちなみに、確率が常に$\frac{1}{n}$のくじをn回以内に少なくとも1回は当てる確率は、

$1-(1-\frac{1}{n})^n$ でnを無限にした場合、

$$\{1-(1-\frac{1}{n})^n\}=1-\frac{1}{e}=63.2\%$$

これは収束が早くn=10、つまり10回のくじ引きでの確率でもうすでにかなり近い値になり、パチンコの大当たりの確率は、いくつかは詳しくは知りませんが、おおよそ$\frac{1}{200}$～$\frac{1}{500}$くらいでしょうが、$\frac{1}{200}$でも$\frac{1}{500}$でも、値はそれぞれ63.30%と63.24%でほぼ同じ値になります。

▶ジャンボ宝くじは何枚買えばいい？

ジャンボ宝くじの1等の当たる確率は2000万分の1なので、1回に100枚（3万円!）買っても当たる確率は20万分の1です。

つまり、毎回100枚で20万回（10万年）連続で買ってやっと当たる確率が63%、たかだか40回（サマー、年末の年2回で20年）では、すべて外れる確率は、

$$\left(\frac{199999}{200000}\right)^{40}=99.98\%$$

です。
それでもあなたは宝くじを買いますか?

「夢を買っている」という方も多いと思います。
たしかに買わなければ当たる確率はゼロで、買えば確率は”ほぼ”ゼロとはいえ、ゼロではありません。

2000万分の1という確率は、東京都と埼玉県の人口の合計と同じ人数の中から無作為に1人を選んであなたが選ばれる確率と同じです。

一方その100倍の確率である20万分の1というのは、5kgのお米の中からたった1粒の当たりを一発で引き当てる確率です。
このように比較すると20万分の1は当たり易そうに感じてしまうかもしれません(そりゃ確率が100倍ですから当然です)。

しかし、「5kgのお米の中からたった1粒の当たりを一発で引き当てる」ことだけを単独で考えれば、「そんなの無理」と思うでしょう。

そうです、どちらも“ほぼゼロ”という点では同じなのです。

そこで、夢を見つつ数学的に最も合理的な宝くじとの向き合い方は、

「1枚だけ買う」こと

です。

3万円を紙屑同然と感じる人はそもそも宝くじに当たらなくても相当豊かな暮らしをしている人で、ほとんどの人にとって3万円は落として無くせば相当気分が落ち込む金額のはずです。
しかし、300円なら無くして嬉しい人はいませんが1日中気分が落ち込むほどの金額ではないでしょう。

何駅も離れた所で無くしたことに気づいた場合、300円なら「まっいいか」で諦めるけど、3万円なら手を尽くして探す努力をするでしょう。

そんな、いざとなればすぐに諦めのつく300円で夢だけは買うことができるので、どうしても宝くじで一攫千金を夢みる方は1枚だけ買うことをお勧めします。

第 8 章

条件を見落とさない

条件は問題解決の鍵

~与えられたヒントを見逃さない~

条件を「漏れなく」「適宜」使用する

社会生活では、いろんな条件や制限が状況によって存在します。その中でどうやってその関門を突破し、問題を解決していくかが重要になります。そんなときに条件をうまくクリアできず、あまつさえ誤認識していたり見落としていたりするとどうでしょう。そうした問題を未然に防ぐためにも大切にしたい数学脳の条件の1つです。

▶条件が多すぎるとつい見落としてしまう

私が塾で算数・数学を教えていたとき、問題が解けなくてうなっている生徒には「問題で与えられた条件を全部使っているかを確認して」と言ってきました。

算数・数学の問題を難しくする要素の1つに「条件の数が多い」というのがあります。

逆にいえば条件の数が少なければ問題は簡単である可能性が高くなります。
その典型例が小学校の算数の教科書の文章題です。

出てくる数字（数字も立派な条件です）が2つだけです。
そうなるとやるべきことは何算を使うかを考えるだけです。
2つだけなら条件の見落としようがありません。
しかし、数が増えてくるとつい見落としてしまいます。

与えられた条件というのは数が多くてもいっぺんに使うことは少なく、

> Aという条件からBという結論が導かれ、その結論BとCという条件を組み合わせてDという結果が得られて、そのDとEという条件もあわせて考えることで答えが出る。

というように、1つか2つずつ使っていきます。
するとどうしても見落としてしまう条件が出てきてしまう

のです。

具体的な例を見てみましょう。

灘高校の入試問題です。

▶条件は「漏れ」なく「適宜」使う

問題

a、bは正の整数で、aは奇数、bは素数とする。
xの二次方程式　$x^2-ax-b^3=0$
が整数解をもつとき、aとbはいくらとなるでしょうか

問題文はたったこれだけですが、

「a、bは正の整数」
「aは奇数」
「bは素数」
「$x^2-ax-b^3=0$が整数解をもつ」

と条件だらけです。

そして、使うべき順序もバラバラで条件の優先順位もつけなければなりません。

こうなると、数学が苦手な人はたったこれだけの問題文の条件にも意識がいかないものが出てきて解くことができなくなってしまいます。

使う条件は原則答えを絞り込む要素が大きいほうの優先順位が前にきます。

この問題なら、

優先順位　1番目

$x^2 - ax - b^3 = 0$が整数解をもつ

優先順位　2番目

bは素数

優先順位　3番目

aは奇数

優先順位　4番目

a、bは正の整数

となります。

$x^2 - ax - b^3 = 0$が整数解をもつためには、

$$(x \pm 整数A)(x \pm 整数B)$$

のように因数分解されなければなりません。
したがって、

$$(整数A) \times (整数B) = -b^3$$

次に、

「bは素数」

という条件から、bはこれ以上素因数分解されないということがわかります。
つまり、b^3の約数は（1、b、b^2、b^3）しかないということです。

また、整数A、Bの組みは（A、B）、（B、A）と入れ替えても同じことなので（こういった細かい考察も重要）、

$$(1,-b^3),(-1,b^3),(-b,b^2),(b,-b^2)\ \cdots\ ①$$

のいずれかとなります。

次に、

「aは奇数」

という条件と、

「$x^2-ax-b^3=0 \leftrightarrow (x\pm 整数A)(x\pm 整数B)$」

という条件から、「$x^2-ax-b^3=0$」の$-a$のマイナスと①の条件のマイナスを一旦無視します。

こういった条件を一時的に除外するというのも重要で、考察するのに不要な条件はあると邪魔です。

ここでは、「a は奇数」という条件から整数A、Bの偶数・奇数を判断しようとしているので、（A+B）でも（A-B）でも偶数になるか奇数になるかはA、Bの偶奇のみに関係していて、正負は関係ありません。

そうであれば除外して考察したほうが余計な検討をしないですみます。

$$(b+b^2) = 奇数\ \cdots\ ②$$

または、

$$(1+b^3) = \text{奇数}\cdots③$$

②の条件を考えてみます。

b^2の偶奇は常にbの偶奇と一致します。
そのため、bとb^2の和は常に偶数となります。
つまり②が成り立つことはありません。

次に③の条件について考えてみます。

③が成立するためには b^3 は偶数でなければなりません。

一方、b は素数という条件があり、素数の中で偶数なのは唯一2だけです。
つまりこの時点で、

$$b = 2$$

が決定します。

そして、aが正の整数という条件から、$(1,-b^3)$ と $(-1,b^3)$ のうち $(1,-b^3)$ のほうが正解となります。

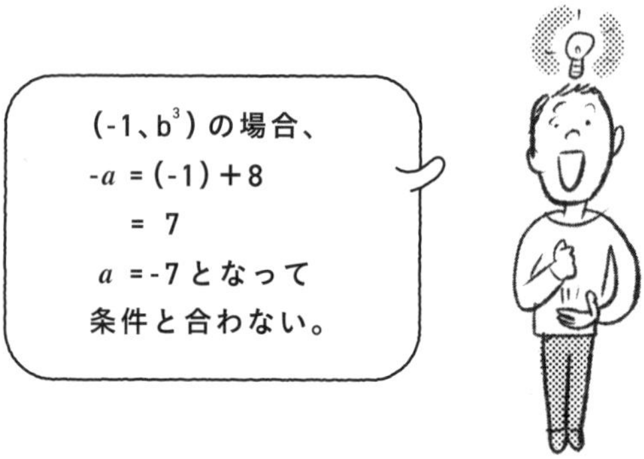

結局、

$$x^2 - ax - b^3 = 0 \leftrightarrow (x+1)(x-8)$$

となり、

$$a = 7 \quad b = 2$$

が求まります。

このように、数学の問題を解くには与えられた条件を「漏れなく」そして「適宜」使わなければなりません。

数学が苦手な人はとかく「数学は解法パターンの暗記」であると認識しがちで、パターンに当てはまらない千変万化の諸条件を手際よく処理するのが下手でどうしても条件を1つか2つ見落としてしまいがちです。

諸条件を
意識する
その1

つるかめ算から
読み解く、
諸条件とは何か

条件を上手に使えば
選択肢が増える

▶条件を見落としては解けない

慶應義塾普通部の「中学」入試の問題です。

まずは紙と鉛筆を用意して自力で解いてみてください。

中学受験の問題ですが、方程式を使いたい方は使っても構いません。

勘違いしている人が多いのですが、中学受験で方程式を使うことは反則ではありません。使っている受験生も多数います（ただし、x、yのかわりに①や[1]を使う場合が多い）。

ただ、ここでの解説は方程式を使わずに俗にいう「つるかめ算」でやってみます。

問題

太郎君は山頂AからふもとのDまで山を下ります。
次郎君は反対にDからAまで上ります。
2人が同時に出発し、下りは時速6km、上りは時速2km、
BC間の平地は時速4kmで歩きます。
AB間は5km、CD間は3kmです。
太郎君はAからDまで行くのに1時間50分かかる予定でした。
しかし、太郎君は落とし物をしたことにBCの途中で気づき、もとの道を引き返しました。
そして、1.8km戻ったところで見つけたので、再びDに向かって歩き始めたら、Bで次郎君に会いました。

(1) 次郎君がDからAまで行くのにかかった時間を求めなさい。

(2) 太郎君が落とし物をしたのは、Bから何kmのところですか。

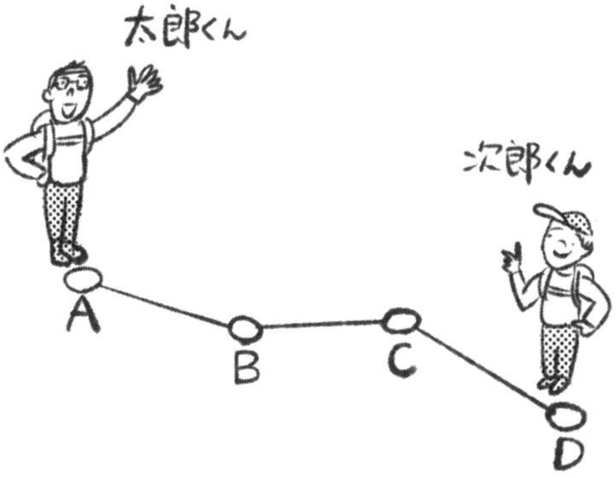

この問題の条件を列挙してみます。

1　AB間の距離
2　AB間における太郎君の速さ
3　AB間における次郎君の速さ
4　BC間における2人の速さ
5　CD間の距離
6　CD間における太郎君の速さ
7　CD間における次郎君の速さ
8　太郎君がAD間を歩くのにかかる予定時間
9　太郎君が落とし物をしたことによって余計に歩いた距離
10　太郎君と次郎君はBで出会った

あと、「同時に出発（0:00としておきます）」というのも忘れてはならない条件の1つです。

これだけたくさんの条件があり、当然のことながらすべての条件をいっぺんに使うことはなく、「これを求めるにはこれとこれを使い、これを求めるにはこれとこれと、さっき求めたあの結果を使って……」といった具合に何かを求めるごとに条件を取捨選択していかなければなりません。

そして、1つでも条件を見落とせば答えは出ないので、行き詰まったときに「使っていない条件はないか」と考えることが重要であることがわかると思います。

条件を整理するために図に必要な情報を書き込みます。

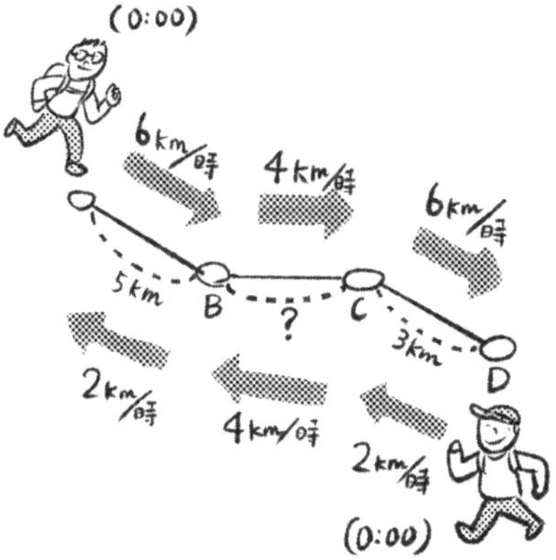

まずは太郎君がそれぞれの区間にかかる時間を出します。
AB間の5kmを時速6kmで歩きます。

ここで「はじき」を使うのですか？
もちろん使えば出ます。
でも「数学脳」の人はどう考えるのでしょうか。

時速6kmというのは1時間に6km進む速さですので、

→5kmなら1時間かからない
→答が1より小さくなるような割り算
→$\frac{5}{6}$時間

つまり、50分です。

次にCD間の3kmを時速6kmで歩くので、

→3kmは6kmの半分
→距離が半分なら時間も半分なので30分

BC間は、

1:50-0:50-0:30 = 30分

時速4kmで30分かかった、ということになります。

このとき、BC間の距離を出すとき、「はじき」の人はどうするのですか?

こうしてくれればいいのですが、

こんなふうにして4×30をして、距離を120と書いたり、流石に120kmじゃおかしいから（平気で120kmという人も本当にいます）120mなどとしたり、もうほとんど無茶苦茶です。

「時速4kmとは1時間に4km進むのだから、1時間の半分の30分なら距離も半分の2km」というように数字に応じて臨機応変に考えるのが「数学脳」です。

AD間の距離がわかったので、次郎君がそれにかかる時間もわかります。

上りの合計が、3+5=8kmなので、それには4時間。
BC間は太郎君と同じなので30分。
よって（1）の答えは4時間30分となります。

この問題のメインは当然（2）です。
太郎君が落とし物をしたのは、Bから何kmのところかが問われています。

条件を整理して1つ1つどの条件を使って何を出せばいいかを丁寧に考えていく必要があります。

まず大事な条件は太郎君の動きです。

太郎君はBを通過後Cの手前で折り返し（その間時速4km）、そこからBを通り過ぎた（時速2km）1.8km先で再び折り返して（時速6km）B地点で次郎君と出会う

この条件から考え始める起点は太郎君がBを通過したとき（0:50）からで、次郎君がBに到達する（2:00）までの1時間10分を考えればいいことがわかります。

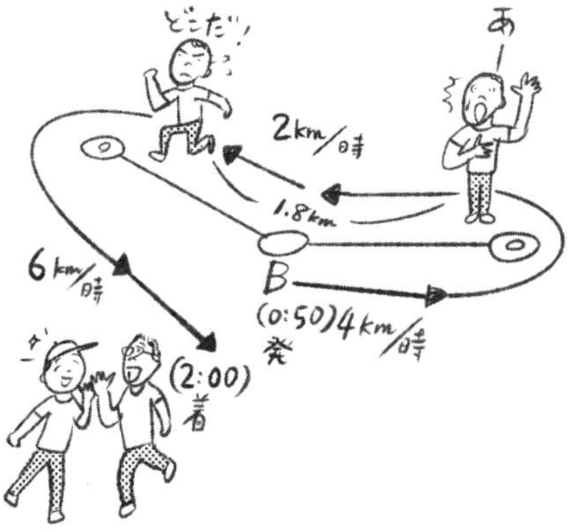

図に描くとこのようになり、この間に太郎君が歩いた距離は、

$$1.8\text{km} \times 2 = 3.6\text{km}$$

です。

B〜（落とし物に気づいた地点）〜Bの間は、平地なので時速4km。
B〜（落とし物を見つけた地点）〜Bは、上りの時速2kmと下りの時速6km。

速さが3通りもあると考えづらいのでB〜（落とし物を見つけた地点）〜Bについては平均の速さで処理します。

時速2kmと時速6kmで同じ距離を往復した場合の平均の速さは「(2+6)÷2＝4」ではないのはもう大丈夫ですね。

同じ距離を往復する場合の平均の速さは距離に関係ないので、計算しやすい距離を自由に設定します。

時速2kmと時速6kmで計算しやすい距離は当然6kmです。

かかった時間は、

$$(3+1)=4\text{時間、距離は}6\times 2=12\text{km}$$

したがって平均の速さは、

$$12\div 4=3\text{km/時}$$

つまり、

太郎君は時速4kmと時速3kmの速さ、時間は合計1時間10分＝$\frac{7}{6}$時間で3.6km進んだ

ということになります。
これは俗にいう「速さのつるかめ算」です。

▶面積図を描けばわかりやすい

つるかめ算とは、下記のようなタイプの問題のときに使う計算方法です。

問題

つるとかめが合計10匹、足の数は合計26本。
つるとかめはそれぞれ何匹ですか。

この場合、もしもつるかかめのどちらかの動物が全部だった場合を仮定し、その誤差から答えを求めていきます。

つるかめのどちらを選んでもよく、数字によって計算しやすいほうを選びます。
この問題ならどちらを選んでも差はありません。

よって、全部かめならと仮定します。
つまり、

$$4 \times 10 = 40$$
$$40 - 26 = 14$$

ということで実際よりも14本足が多くなっているわけです。

そこで、つるとかめを1匹入れ替えると、

$$4 - 2 = 2$$

と2本減ります。

14本の足を減らすには、

$$14 \div 2 = 7$$

つまり7匹つるに入れ替える必要があるわけです。
そこでつるが7匹であることがわかるのです。

これを解くときに便利な面積図を使う方法もあります。

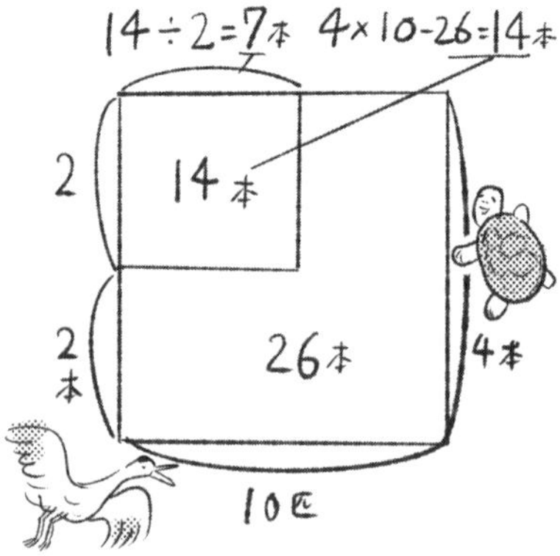

ではこの問題も同じようにやってみます。
もう一度さきほどの問題の条件を見てみると、

太郎君は時速4kmと時速3kmの速さ、時間は合計1時間10分=$\frac{7}{6}$時間で3.6km進んだ

となっています。
仮に時速3kmで進んだとした場合、

$$3 \times \frac{7}{6} = 3.5\text{km}$$

となり、3.6kmよりも少なくなります。
そうなると下記のような図に落とすことができます。

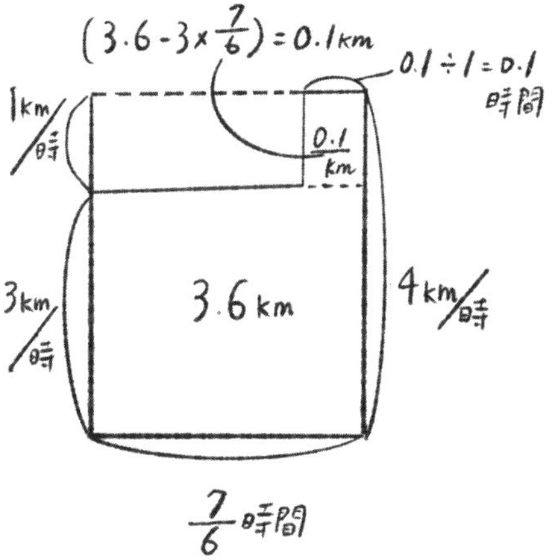

図から、

$$3.6\text{-}3.5 = 0.1\text{km}$$
$$0.1 \div 1 = 0.1\text{時間}$$

時速4kmで進んだ時間が0.1時間であることがわかります。

つまり、

B～（落とし物に気づいた地点）～Bの距離　：4 × 0.1=0.4km
B～（落とし物に気づいた地点）の距離　：0.4 ÷ 2=0.2km
B～（落とし物を見つけた地点）　：1.8 - 0.2=1.6km

どうですか？
中学入試の問題でもこれだけたくさんの条件を処理しなければなりません。

条件がたくさんあればどうしても使い忘れている条件があって行き詰まってしまうことは「数学脳」を持った人でもよくあります。

そのようなときに「使っていない条件はないかな？」と振り返ることも大事な「数学脳」の1つなのです。

諸条件を
意識する
その2

図形から読み解く、諸条件とは何か

「接弦定理」「角の二等分線の定理」
など、適切に条件を使う

▶解決に向けて必ず存在する「条件」

算数・数学の問題は与えられた条件はすべて使うのが原則です。

しかし、大問に小問が分かれている場合には、最終的にはすべての条件を使いますが、いくつもある条件のうち（1）では使わない条件があるのが普通です。

すなわち、（1）を解くに当たっては使うべき条件を選別しなければなりません。

（1）からできなくて考え込んでしまうのは解くのに必要な条件を見落とし、解くのに必要のない条件を考慮してしまっていることがほとんどなのです。

なので、できないときには使っていない条件は何か、この条件は必要かを吟味しなければなりません。

次の問題を見てください。

早稲田実業高校の入学試験問題です。

問題

下の図のように、線分ABを直径とする半円Oがあります。
ABの延長上に点Cをとり、Cから半円Oに接線をひき、接点をD、∠BADの2等分線と線分BDの交点をEする。
BC=9cm、CD=12cmのとき、次の各問いに答えよ。
(1) 半円Oの半径を求めよ。

(2) 線分ADの長さを求めよ。

(3) △ADE の面積を求めよ。

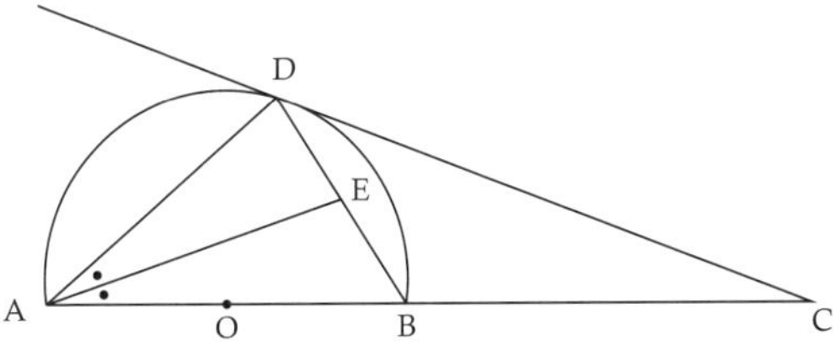

この問題の条件を箇条書きにすると、

1　直径AB中心Oの半円

2　DCは半円Oの接線（接点はD）

3　∠DAE=∠BAE

4　BC=9cm

5　CD=12cm

この中で（1）を解くのには不必要な条件が1つあります。つまり、1つ条件を捨てなければならないのです。

それを誤り、必要な条件を捨て、不必要な条件に拘泥してしまうとどんなに考えても光明は差しません。

そんなときは捨てる条件と使う条件を入れ替えてみる必要があるのですが、数学脳になっていない人はその切り替えができないのです。

この問題ではこれ見よがしに図に書き込まれている角の二等分線の●の印は（1）を解くのには不要なのです。

そして、自分で図に条件を書き込んでいくときに長さは誰でも書き入れますが、「接している」というのは図にどう印をつけていいかわからず「ふーん、接しているのね」と頭を一瞬よぎります。

しかし図に書き込まないために、解き始めるときには意識から飛んでしまい、図に書き込まれた角の二等分線のほうに目がいってしまい解くことができなくなってしまうのです。

そこで、「使っていない条件はないか?」と自問自答できるか否かが「数学脳」の有無の分かれ目なのです。

今回の問題の場合、接線であることを使っていないことに気づければ、「接弦定理」を使おうということになり、

$$\angle BDC = \angle DAC$$

角の二等分線はとりあえず（1）を解くには不要です。

（3）をチラッと見ればそれはここで使う条件であることに気づけるので、一旦排除して次のような図が描けるはずです。

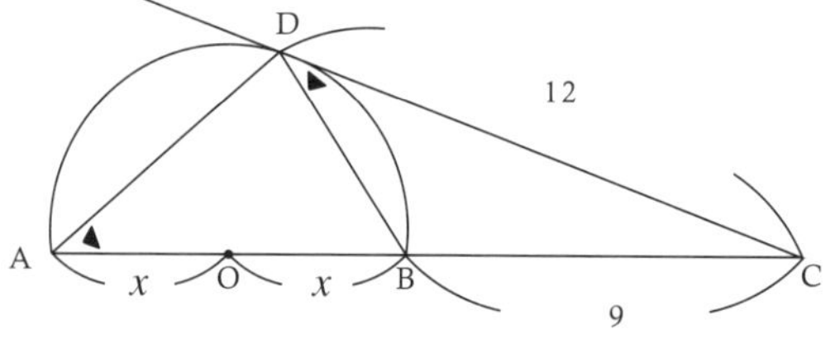

△CDB∽CAD この相似は対応が混乱しやすい配置になっているので、小さいほうの三角形を∠Cでひっくり返した下のような図を描くとわかりやすくなります。

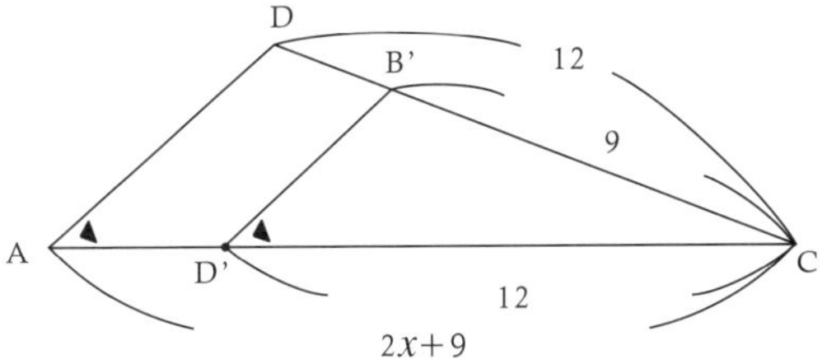

この図を見ながら相似比の方程式を作れば終了です。

$$12:9 = 4:3 = (2x+9):12$$
$$3(2x+9) = 48$$
$$6x+27 = 48$$
$$6x = 21$$
$$x = \frac{7}{2}$$

▶見えているのに見えていない大切なこと

次に（2）でも何気ない条件を見落として答えにたどり着けない人が多くいます。

とにかく解けないときには「使っていない条件はないか」を自問自答するのです。

（2）で問われているのはADの長さです。

（1）で相似を利用したので同じように相似を利用するなら、ADに対応するBDの長さがわかればよいのです。
しかし、BDの長さもわからない。

ここで「使っていない条件はないか」と、もう一度条件を1つずつ確認すれば「ABは直径」という何気ない条件を見落としていることに気づけるはずです。

直径に対する円周角は90°なので、△ABDは直角三角形です。
そうなると、AD:BD=4:3なので、例の3:4:5の直角三角形とわかります。

よって、

$$AD:AB = 4:5$$

（1）よりAB=7　なので、

$$AD = \frac{28}{5}$$

（3）では、「使わない条件はない」の原則から当然、AEは角の二等分線であることを使います。

角の二等分線の定理（249ページ）よりDE:EB=4:5なので、

$$\triangle ADE = ABD \times \frac{4}{4+5} = \frac{21}{5} \times \frac{28}{5} \times \frac{1}{2} \times \frac{4}{9} = \frac{392}{75}$$

と(3)の答えが求まるのです。

▶「角の二等分線の定理」の証明はできますか？

「数学脳」のある人とない人の最大の違いは、すべての定理を証明できるようにしてあるか否かです。

私は「数学脳」を「本質を捉えて理解する力」と定義しました。

定理の証明は単なる丸暗記では、すべてを覚え切れるものではありません。

本質を捉えて理解しているからこそ、すべて覚え切れるのです。

図のようにBAを延長してAC=AEとなるような点Eをとり Cと結びます。

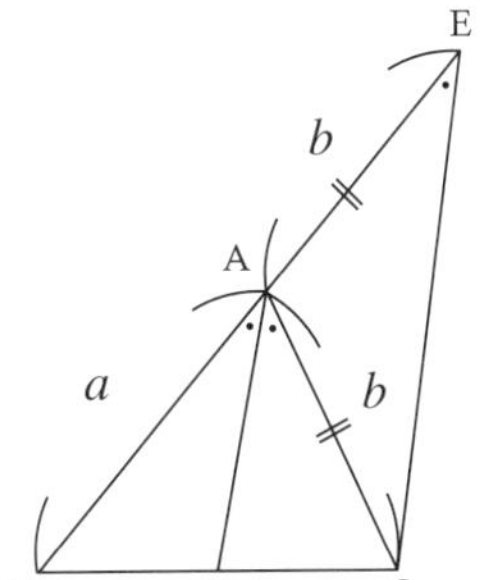

AC=AEなので、△ACEは二等辺三角形。

つまり、

$$\angle E = \angle ACE$$

外角の定理より、

$$\angle E + \angle ACE = \angle BAC$$

つまり、

$$\angle E = \angle ACE = \angle BAD = \angle DAC$$

よって、ADとECは平行。
ということは、

$$AB:AE = BD:DC$$

AE=ACなので、AB:AC=BD:DC

これにて証明は終わりです。

おわりに

「数学って将来何の役に立つのですか?」

と生徒に質問されたときは「何の役にも立たないよ」と本当に答えていました。

なぜなら、そんな質問をしてくる生徒は数学の勉強がしたくなくて単に数学の勉強をしないですむ言い訳を探しているにすぎないからです。

私はやりたくもない人に無理矢理やらせる必要はないと思っているので「役に立たない」と答えてきましたが、もちろん数学は最先端技術の開発者だけでなくごく普通の一般人の日常生活の中でも大いに役立っていると思っています。

誰かがこのようなことを言っていました。

「数学は社会に出て役に立たないが、数学ができない人は社会で役に立たない」

単なる格言として、人目を引くためにあえてキャッチーに表現したとするならば主旨には概ね賛同します。

ただ少し言葉が乱暴です。

この格言を前半と後半に分けて、もう少し丁寧に言い換えて、私の主旨にしたいと思います。

まずは「数学は社会に出て役に立たない」のところです。

「sinやcos、微分・積分その他さらに高度な数学を駆使して人々の生活を便利で豊かにする最先端技術を開発・運用して社会に多大な貢献をする職業の人、学校や塾の数学の先生のように、高度な数学を用いて社会の発展に寄与する次世代の若者を育てる人、末端では私のように数学をネタにしてYouTubeで稼いでいる人など、ごく少数ではありますが社会に出て数学を『直接』役立てている人もいます。

しかし、そういったごく少数の人以外の大多数の人は日常の仕事や生活で微分や三角関数などの数学を『直接』使うことはまずありませんし、単なるお釣りの引き算ですら便利な現代社会ではほぼ使うことはないでしょう。

なので『数学はほとんどの人にとって社会に出て“直接”役に立つことはない』と言っても間違いではないと思います」

次に「数学ができない人は社会で役に立たない」というのはさすがに「数学的」にまずいでしょう。

「数学が役に立つ」という場合の「役に立つ」は「使う」程度の意味で問題ないと思いますが、「社会で役に立たない」という場合の「役に立たない」の定義がはっきりしませんし、「社会」というのも言葉の範囲が広すぎます。

「社会で役に立たない人」などという言葉を聞くと「国家の維持・発展に貢献していない」私のような人間が真っ先に思い浮かんでしまいますが、ここではそういう意味ではないでしょう。

ここでの「数学ができない人は社会で役に立たない」を、

もう少し誤解の少ないような表現にすると次のような感じではないでしょうか。

「日常の仕事や活動で生じた未知の課題を解決しなければならない状況で数学的思考力に長けたＡさんとそうでないＢさんとでは、Ａさんのほうがその課題をうまく解決する蓋然性が高い」

平たく言ってしまえば、会社でなら「仕事ができる人」と「仕事ができない人」、仲間内でなら「使える人」と「使えない人」ということであり、数学ができる人はいずれも前者になる可能性が高いといえるでしょう。

どうしてそのように言えるのか。
もう一度数学が苦手な人の特徴を確認してみましょう。

①定義をおろそかにする
②「やり方」だけを覚える
③なぜそうなるかを考えない
④工夫をしない
⑤ミスに気付けない
⑥大局的に見られない
⑦帰納法的思考をしない
⑧条件を見落とす

数学以外の課題でもこのような姿勢で臨んだら物事がうまくいくとは考えられません。

一方、数学的思考ができる人はすべてこれらの逆です。

定義を大事にして本質を捉えて理解することが思考の第一歩なので、まずは課題がなんなのかその本質を考えます。
未知の課題には決まったやり方はないので、「なぜその課題が生じたのか」、その原因を考察して解決に必要な条件をそろえ、それに対応したやり方を模索します。
さらに、大局的に考えてどういった手順がいいか工夫して最適な方法を考えます。
そして、これらのことができるのは帰納法的思考で過去の個別具体的な経験を抽象化一般化して次に生かす準備ができているからで、さらなる未知の課題に直面したときはさらにスキルアップしているでしょう。

▶数学は「リーズナブル」な人間をつくる

「リーズナブル」という言葉、「わーっ！　とってもリーズナブルなお値段」といったように使われるときは「安い」という意味が込められているでしょうが、本来の「reasonable」に「安い」という意味はありません。
「reason」=「理由」の形容詞が「reasonable」で、「理由がある、合理的である、筋の通った」という意味で、

「I am a reasonable man」

は「私は安い人間です」ではなく、「私は合理的な人間です」という意味です。

数学の公式にはすべてそうなる理由があり、それを理解した上で利用していくことが筋の通った思考力を養うことになります。
理由も導出法もわからず丸暗記した公式に数字を当てはめ

て答えを出していい点数をとっても決してまっとうな思考力は身につきません。

合理的な思考力を身につければ入る必要のない保険に入って損をすることも、宝くじを100枚200枚買って大損をすることもないのです。

たしかに宝くじには発表まで「当たったら何に使おうか」とワクワクや「夢を買う」という付加価値があることは認めます。

ただ、それは300円の宝くじを100枚買う3万円より、1枚だけ買って残りの29700円で高級レストランで食事などの贅沢をした3万円のほうがよっぽど「reasonable」です(理にかなっている)。

合理的に物事を考える力を養うのに最も適した勉強が数学なのではないでしょうか。

その意味で数学を勉強することはとても「役に立つ」と思います。

鈴木貫太郎

鈴木貫太郎（すずき　かんたろう）

1966年2月生まれ。勉強は高校受験で燃え尽きて高校時代は完全に落ちこぼれ。数学は0点連発、成績は学年ビリ（456位/456人）。2浪して早稲田大学社会科学部に入学する。在学中に始めた算数・数学の塾講師のアルバイトから正社員になり大学は中退。講師時代は過去問を徹底研究。2017年からYouTubeにて数学解説動画の投稿を始める。「なぜそうなるのか」を徹底して考えさせる解説動画には絶大な支持があり、授業形式の動画1本で100万回再生を日本で一番早く達成。数学好きはもちろん、数学が苦手な人、親子揃っての視聴者も少なくなく、根強いファンが多い。今では登録者数は14万人を超え、動画の再生回数は5000万回超となっている。『中学の知識でオイラーの公式がわかる』（光文社新書）、『大学入試数学 不朽の名問100 大人のための"数学腕試し"』（ブルーバックス）などがある。

中学生《ちゅうがくせい》の知識《ちしき》で
数学脳《すうがくのう》を鍛《きた》える

2021年7月25日　第1刷発行

著者　鈴木貫太郎《すずきかんたろう》
発行者　佐藤靖
発行所　大和《だいわ》書房
東京都関口1－33－4
03－3203－4511
ブックデザイン　山之口正和＋沢田幸平（OKIKATA）
イラスト　村上テツヤ
本文印刷　信毎書籍印刷
カバー印刷　歩プロセス
製本　小泉製本

ISBN978-4-479-39352-8

http://www.daiwashobo.co.jp